国家一流专业建设规划教材

中央高校教育教学改革基金(本科教学工程)资助

舟山地区海岸带地质调查实习指导书

ZHOUSHAN DIQU HAI'ANDAI DIZHI DIAOCHA SHIXI ZHIDAOSHU

王龙樟 姜 涛 王家生
吕万军 周江羽 林卫兵 编著

图书在版编目(CIP)数据

舟山地区海岸带地质调查实习指导书/王龙樟等编著.—武汉:中国地质大学出版社,2022.4
ISBN 978-7-5625-5232-1

Ⅰ.①舟…
Ⅱ.①王…
Ⅲ.①海岸带-区域地质调查-舟山-高等学校-教学参考资料
Ⅳ.①P737.172

中国版本图书馆 CIP 数据核字(2022)第 040133 号

舟山地区海岸带地质调查实习指导书	王龙樟 姜 涛 王家生 吕万军 周江羽 林卫兵	编著

责任编辑:唐然坤	选题策划:张晓红 王凤林	责任校对:张咏梅

出版发行:中国地质大学出版社(武汉市洪山区鲁磨路388号)　邮编:430074
电　　话:(027)67883511　　传　　真:(027)67883580　　E-mail:cbb@cug.edu.cn
经　　销:全国新华书店　　　　　　　　　　　　　　　　　http://cugp.cug.edu.cn

开本:787毫米×1 092毫米　1/16	字数:180千字	印张:7
版次:2022年4月第1版	印次:2022年4月第1次印刷	
印刷:武汉精一佳印刷有限公司		
ISBN 978-7-5625-5232-1		定价:25.00元

如有印装质量问题请与印刷厂联系调换

前 言

舟山市海岸带地质调查条件优越,海域面积达 2.08 万 km^2,海岸线长度约 2444km,占浙江省海岸带总长度的 36%,其中海岸线、深水岸线分别占全国的 7.6% 和 18.4%,是世界上深水岸线资源最丰富的城市之一。2015 年 5 月 25 日,中共中央总书记、国家主席、中央军委主席习近平在舟山市定海区视察时指出,"舟山港口优势、区位优势、资源优势独特,其开发开放不仅具有区域性的战略意义,而且具有国家层面的战略意义"。舟山的开发与布局需要海岸带地质调查成果的支撑,国家"建设海洋强国"的战略部署更需要海岸带地质调查与监测工作的支持。

朱家尖岛是舟山群岛的第五大岛,是一个旅游资源特别丰富的岛屿,不仅自然条件优越,而且得到了全面的保护。因此,朱家尖岛是海岸带地质调查理想的实习基地。首先,这里有最丰富的天然沙滩、砾滩、基岩海岸,也有出露良好的地质露头,具有丰富的天然地质条件;其次,这里也有良好的海岸带水动力作用观察条件,可对波浪作用、潮汐作用甚至风暴作用进行观察、统计和分析;最后,这里也是良好的海岸工程和地质灾害实习场所,护岸工程做得非常好,滑坡及泥石流等地质灾害也有良好的记录。

鉴于舟山地区良好的海岸带地质调查实习条件,为了满足当前海洋科学类本科生海岸带地质调查实习的要求,笔者依托 2019 年和 2021 年开展的"长江口及邻近海域海洋生物与生态野外实践能力提高"高校联合教学实习项目,同时基于中国地质大学(武汉)本科教学工程项目的资助,编写了本实习指导书,以期能够为相关专业学生提供参考。

本书分为 3 个部分,分别为海岸带地质调查实习目的及内容、地质背景与基础知识、地质调查工作方法,共计 6 章。第一部分海岸带地质调查实习目的及内容主要介绍了实习的目的、意义和实习内容,同时重点介绍了 4 条地质路线,内容包括侵入岩基岩海岸、砾质堆积海岸、砂质堆积海岸、火山岩海岸等,共设置了 10 个观察点,每个观察点设置 3~5 项观察内容,包括岩石地层、海岸地貌、水动力条件、地质工程及地质灾害等内容,每条实习路线都布置了 5~7 道思考题,突出海洋地质调查中地质、水文、工程、环境等方面的内容;第二部分地质背景与基础知识介绍了各实习点间地质作用的内在联系,主要涉及地层、构造、岩浆岩、地质演化等基本地质内容,以便深入开展海岸带地质调查工作;第三部分地质调查工作方法主要介绍了野外调查工作方法和室内分析工作方法,旨在为没有相关地质学基础的学生普及相关地质知识;最后,以附录的形式简要介绍了国家实施海岸带综合调查的规程(节录),以便提升学生的职业兴趣,提高其专业水平。

全书共分为 6 章,第一章由王龙樟、姜涛编写;第二章、第六章由王龙樟编写;第三章由王龙樟、吕万军、林卫兵编写；第四章由王龙樟、周江羽编写；第五章由王龙樟、王家生编写；全文由王龙樟统稿、修改和定稿；图件由林卫兵、王龙樟清绘。

本书是在2019年、2021年两次多校联合教学实习和两次野外考察的基础上编写而成的。中国地质大学（武汉）王龙樟、王家生、周江羽、吕万军、林卫兵、陈平、肖军、吕晓霞、夏峰、陈波等参加了野外工作，李长安等对部分实习点提出了建设性建议；浙江海洋大学徐士元、王健鑫、崔大练、范美华、陈健等在野外工作中给予了大力支持；浙江大学李春峰、王英民、张朝晖等在野外路线的选择中给予了热心的帮助，在此一并表示衷心的感谢。

由于野外地质调查工作时间短，调查所涉内容广泛，本书难免存在疏漏和不足之处，有待补充完善，敬请广大读者批评指正。

笔 者

2021年7月8日

目 录

第一部分　海岸带地质调查实习目的及内容 (1)

　第一章　绪　言 (2)

　　第一节　实习的目的和意义 (3)

　　第二节　实习内容和实习要求 (4)

　　第三节　"海岸带地质调查"实习报告编写要求 (6)

　第二章　野外教学实习路线 (10)

　　第一节　大洋峙冷冻厂—月岙沙滩路线 (12)

　　第二节　大乌石塘—小塘礁石海滩路线 (18)

　　第三节　十里金沙海滩路线 (26)

　　第四节　大青山地质路线 (29)

第二部分　地质背景与基础知识 (35)

　第三章　舟山地区地质演化简史 (36)

　　第一节　构造特征 (36)

　　第二节　地层发育 (38)

　　第三节　地质演化 (41)

　第四章　相关基础地质知识 (43)

　　第一节　地　层 (43)

　　第二节　构　造 (45)

　　第三节　岩浆岩 (48)

第三部分　地质调查工作方法 (57)

　第五章　野外调查工作方法 (58)

　　第一节　罗盘的使用方法 (58)

　　第二节　野簿的记录格式 (62)

　　第三节　岩石的描述方法 (64)

　第六章　室内分析工作方法 (69)

　　第一节　岩矿鉴定 (69)

　　第二节　粒度分析 (77)

附录　海岸带综合调查规程节录 ……………………………………………………………（84）
　　附录1　中国地质年代及地质、生物演化表 …………………………………………（85）
　　附录2　国际年代地层表(2021) ………………………………………………………（86）
　　附录3　《海岸带调查技术规程》简介 …………………………………………………（87）
　　附录4　《海岸带调查技术规程》(节录) ………………………………………………（88）
　　附录5　《全国海岸带和海涂资源综合调查简明规程》(节录) ………………………（97）
　　附录6　分析(筛析法)记录表(规范性附录) …………………………………………（100）
　　附录7　粒度分析成果汇总表(规范性附录) …………………………………………（101）
　　附录8　碎屑矿物分析成果汇总表(规范性附录) ……………………………………（102）
　　附录9　碎屑矿物鉴定表(规范性附录) ………………………………………………（103）
参考文献 ………………………………………………………………………………………（104）

第一部分

海岸带地质调查实习目的及内容

第一章 绪 言

2019年和2021年,由厦门大学、中国海洋大学、浙江海洋大学等高校发起,中国地质大学(武汉)、上海海洋大学、大连海洋大学、浙江大学、南京信息工程大学、广西大学、不列颠哥伦比亚大学(又译为英属哥伦比亚大学)、海南大学、广东海洋大学、厦门海洋职业技术学院、海南热带海洋学院、中国人民解放军国防科技大学等多所高校积极参加了海洋科学联合教学实习。

实习基地设在浙江海洋大学,在2013年经国家理科人才培养基金批准而建立"长江口及邻近海域海洋生物与生态野外实践基地",多年来由厦门大学、中国海洋大学和浙江海洋大学三校共同建设。

联合教学实习利用"浙渔科2号"科学考察船、海洋科学省级实验教学示范中心等浙江海洋大学校内外实习基地资源,进一步完善了野外实习的相关基础设施;通过海洋生物与生态综合调查、潮间带海洋生物及近岸地质调查的综合实习,构建了体现海洋生物与生态特色、多学科交叉、野外实习教学和科研训练相结合的实践教学体系,以满足高素质海洋科学人才培养的需求;同时,该实习实践基地以发起高校本科学生实习为基础,面向全国其他涉海高校的生物学、海洋科学、环境科学等专业本科生以及硕士研究生开放,充分共享了野外实践基地的资源,发挥了辐射示范作用。

实习内容主要为海洋生物与生态海上综合调查(A组)、潮间带海洋生物调查(B组)和海岸带地质调查(C组)三部分,同时穿插海岛野外生存拓展、实习基地考察、专家学术讲座等相关活动。

中国地质大学(武汉)承担了海岸带地质调查(C组)的教学任务。调查地点设在舟山市朱家尖岛,包括大洋岙冷冻厂、月岙沙滩、大乌石塘、庙根大山山脊、小乌石塘、小塘礁石海滩、十里金沙海滩(南沙、里沙)、大青山等观察点,最终开发出4条地质调查路线。海岸带地质调查的内容包括以下3个方面。

(1)海岸带地质:朱家尖岛主要出露白垩纪花岗岩和火山碎屑岩以及第四纪沉积地层,可选择基岩海岸作为教学实习观察点,分析岩浆岩、火山碎屑岩、沉积岩的产状,地层叠置关系,构造形迹,形成时代及形成过程。

(2)海岸动力地貌:描述海蚀崖、海蚀平台、砂质海滩、砾质海滩、泥质海滩的发育特征,分析其构造背景、形成演化过程和控制因素。

(3)海岸带沉积作用:重点描述砾质海滩和砂质海滩的成分、结构、沉积构造,进行砾石的粒度统计以及砂质、泥质沉积物的粒度分析,分析沉积相带和水动力特点,判断沉积物源及沉积演化过程。

另外，沿途还涉及护岸工程、地质灾害（滑坡、泥石流、风暴作用）等地质工程与地质环境方面的内容。在野外工作中，简要介绍野外地质工作方法、观察分析技巧以及野外生存知识。

本实习指导书适用于联合教学实习。具备一定地质基础的学生应着重学习如何系统地开展海岸带地质调查；对于没有地质基础的学生，联合教学实习会是一次系统性的普通地质学基础训练。

第一节　实习的目的和意义

海洋地质学是研究被海水覆盖的地球岩石圈以及其与大气圈、岩石圈、生物圈等其他圈层的相互关系和相互作用的学科。海洋地质学的主要研究内容是海洋地质环境、地质资源和地质作用过程，包括海岸和海底地貌、海洋动力地质作用、海洋沉积、海洋地球物理、海底地质构造、海洋起源与演化、海洋矿产资源分布等。海洋地质学是一门理论与实践并重的学科。海岸带地质野外实习是海洋地质学及其相关专业的重要教学环节，旨在把课堂理论教学与实践紧密结合起来，加强学生理解海洋地质学的基本理论和基础知识，初步掌握如何利用海岛、海岸带地质露头观测资料进行海底浅层地质结构和环境地质调查的基本原理与方法，培养学生的动手能力、独立思考能力和创新能力。

海岸带地质调查大致可以分为 3 类：第一类是综合地质调查，是对海岸带进行综合地球物理、地质、物理海洋和现代海洋沉积等多学科的调查，要查明地形地貌、地层结构、地质资源、动力沉积作用和环境地质等基础地质及环境本底信息，为地区发展规划提供地球科学建议；第二类是工程地质调查，为重大工程前期规划提供地质基础，为前期工程建设提供土力学参数，也为后期建设提供安全评估及监测；第三类是生态地质调查，要查明滨海湿地的类型和分布、生态地质环境特征，预测其发育演化趋势，提出生态修复建议。

海洋科学联合教学实习中的"海岸带地质调查"（C 组）实习更偏重第一类，即综合地质调查，主要调查基础地质和环境地质问题，观察分析地形地貌和岩石地层特征，分析沉积作用过程；查明可利用的地质景观、地质矿产以及滩涂等资源；调查活动断裂、地面沉降、地面塌陷、海岸侵蚀淤积、海水入侵等重大环境地质问题，分析预测崩塌、滑坡、泥石流、地面塌陷、地裂缝、风暴（海啸）等重大地质灾害问题。舟山地区实习结合了当地具体情况，是以基础地质调查为主，适当了解环境地质和工程地质问题。

实习地点主要分布在朱家尖岛上。朱家尖岛是舟山群岛中的一座小岛，是舟山群岛核心旅游区"普陀金三角"的重要组成部分。这里有典型的海岸地貌、海滩沉积现象，是分析现代海洋地质作用的理想场所；这里还出露侵入岩、火山岩、火山碎屑岩、沉积岩等不同类型的岩石，可以观察褶皱、断层、节理等各种地质构造，是对地质历史时期地质作用过程进行现场教学的理想场所；这里有大青山和十里金沙旅游景观，也有滑坡、泥石流、风暴作用留下的地质灾害形迹，还有数处护岸工程，因此还可以作为环境地质和工程地质的教学场所。本次地质实习可以加强学生对海洋作用、地质作用、环境地质以及工程地质的感性认识，巩固和提高课堂所学的理论知识，掌握野外地质工作的基本技能和方法，进一步强化学生的海洋强国意识，提升学生认识海洋、探索海洋的求知欲望。

第二节 实习内容和实习要求

参加海洋科学联合教学实习的学生来自不同的高校,他们的专业知识背景差别较大。因此,实习内容和实习要求可以根据各高校学生的知识基础选择性地确定。

一、实习内容

1. 海岸带地貌

海岸带地貌包括海蚀地貌和海积地貌。海蚀地貌有海蚀凹槽、海蚀崖、波切台、海蚀穴(洞)、海蚀拱桥、海蚀柱、海蚀阶地等地貌;海积地貌有砂质海滩、砾质海滩、泥质海滩、三角洲、生物海岸等地貌,砂质海岸局部发育连岛沙坝、沙嘴、沿岸沙坝等地貌。实习要求是描述海蚀崖、海蚀平台、砂质海滩、砾质海滩、泥质海滩的发育特征,分析其构造背景、形成演化过程和控制因素。

2. 动力沉积作用

朱家尖岛发育砾质海滩、砂质海滩和泥质海滩。对砾质海滩先观察地形地貌,再分析砾石的成分、圆度、球度、定向性、成熟度,对砾石进行粒度统计,分析水动力特点及成因,分析沉积物来源及沉积演化过程。对砂质海滩先观察地形地貌,再借助放大镜分析海滩沉积物成分和砂粒粒级,进行断面采样(用于筛析粒度),观察分析波痕、流痕、刻蚀痕、冲洗、冲刷充填构造等沉积构造,以挖探槽等方式观察层理构造,分析流向及水动力条件,分析沉积物来源及沉积演化过程。泥质海滩在朱家尖岛、舟山岛、桃花岛等地局部发育,部分被开垦为养殖基地,可以结合"潮间带海洋生物调查"(B组)实习内容开展工作,实习侧重分析淤泥的形成条件及生态环境和沉积环境。

3. 海岸带地质

调查海岸带的岩石、地层和地质构造,并初步分析其形成和演化过程。朱家尖岛出露的岩石和地层主要为燕山期花岗岩、安山岩、流纹岩、火山碎屑岩、基性岩脉和喜马拉雅期沉积岩,选择岩石出露良好的基岩海岸,分析岩石的基本特征(类型、成分、结构、构造、产状)、岩石或地层的叠置和穿插关系、构造形迹、形成时代及形成过程。在室内进行岩石薄片观察,确定岩石类型及成因。

4. 环境地质和工程地质

海岸带环境地质问题突出表现为海平面上升、地面沉降、海水倒灌、河道淤积、地基不稳、海岸侵蚀、滑坡塌陷、土地盐渍化、地震、风暴等自然灾害频繁发生。在朱家尖岛可以观察到滑坡、崩塌、泥石流、风暴等地质灾害留下的地质形迹,分析各种地质体的结构要素和发育机制,了解其危害性。护岸工程在朱家尖岛主要是采取堆、砌等手段,保护路基、村庄、桥梁、港口码头等工程设施,观察护堤砾石的功能和变化,分析其水动力条件、沉积物输运方向、侵蚀和淤积过程,比较不同保护工程的水动力条件、防护措施、侵蚀变化。

二、实习要求

1. 野外工作的安全防护

野外工作时要在气象、交通、食宿、地质灾害、随身财物等方面做好安全防护和紧急处置,在海岸带地质调查过程中,需要预防暴晒、蚊虫叮咬,注意来往汽车,防止落石砸伤、坠崖、坠海等情况的发生,同时还要看管好随身携带的物品,地质锤、标本、比例尺等物品最容易遗失,需要特别留意。

2. 野外工作方法训练

对于没有野外地质工作经验的学生来说,首先要熟悉一些基本的地质工作方法,包括罗盘的使用方法、标本的采集方法、岩石矿物的观察描述以及地质记录的格式要求;也要学习工作照相和地质图的使用方法,学习定点、地质素描、绘制简单地质图件;初步学习地质现象的观察、分析和总结。对于地质基础比较好的学生,特别是经历过大量野外地质训练的学生,他们的重点应放在海岸带地质调查的学习上,要系统收集海岸动力地貌、海洋沉积作用、岩石地层和构造、环境地质、工程地质等方面的资料;学习海岸带地质调查的方法技能,在室内学习显微镜下观察和岩石定名,掌握砾质、砂质和泥质沉积物的粒度分析方法,完成相关图件的编制和地质调查报告的编写。

3. 地质调查路线

根据朱家尖岛的实际地质条件,兼顾环境地质和工程地质的内容,开发海岸动力地貌、海洋沉积作用、岩石地层和构造等方面的地质调查路线。每条路线的观察内容都有侧重点,需要对野外观察内容进行详细记录,记录要工整且详细,回到基地要进行适当的整理和重要数据的上墨,杜绝涂改和臆造数据。要及时总结,发现遗漏数据,有条件的要及时补充,没有条件的也要相互学习,补齐重要数据;随时总结讨论,形成自己的认识。

4. 野外生存技能

地质工作是与大自然打交道的一项特殊的工作,工作中可能会遭遇突发事件,也有可能遭遇特殊气候条件。因此,学习野外生存技能可以有效预防不必要的财产损失和人员伤亡。每个人都要有心理准备和应对突发事件的预案。比如雷雨天气要防雷击;风暴天气尽量避免外出以防坠海;路边考察的时候要防止落石砸伤和注意来往车辆;陡峭地形要防止踩空和坠落;海岸带要特别注意涨潮及礁石的湿滑,以防跌落;另外,也要严格遵守基地纪律,避免外出误食有毒海产品,杜绝擅自下海游泳。

5. 采样和室内分析

对于海岸带地质调查,野外工作是获取第一手资料的基本要求,采样工作也是地质调查的基本要求。有些内容是通过采样才能获得数据的,如粒度分析;而有些内容则是通过采样进行验证和提高认识的,比如岩石类型的最终确定是在显微镜下完成的。采样工作包括松散沉积物和固结岩石两种类型样品的采集。室内分析对于已固结岩石来说主要是岩石薄片观察和化石鉴定工作,对松散沉积物样品可进行粒度分析,微体化石或超微化石、矿物成分则需要借助显微镜进行涂片观察。生物鉴定属于"潮间带海洋生物调查"(B组)实习内容,在此不再重复说明。

6. 实习报告的编写

将野外收集的资料进行分类和整理,分别梳理成表格或图件,分析总结地质作用和环境演化等方面的机制机理,形成地质认识,编写以"海岸带地质调查"(C组)为主线的实习报告。实习总报告还要涉及"海洋生物与生态海上综合调查"(A组)和"潮间带海洋生物调查"(B组)实习中有关海洋物理、海洋化学、海洋生物等方面的内容,因此"海岸带地质调查"可以作为一个章节反映在实习总报告中。对于初学者来说,可以按地质路线的顺序逐条整理,按照以地质路线为主线的叙事性总结形式完成报告的编写;对于地质基础知识较好的学生,需要完成以海岸带地质调查为主要内容的总结,详细总结海岸动力地貌、海洋沉积作用、岩石地层和构造以及与环境地质和工程地质相关的内容,对每部分需要总结凝练出与地质作用成因机制和环境演化过程相关的内容。

第三节 "海岸带地质调查"实习报告编写要求

一、海岸带地质调查的目的和意义

海岸带地质与可持续发展密切相关,运用地学手段对海岸带进行综合治理是当前海岸带持续开发战略的一项重要任务。海岸带地质调查的目的是根据海洋和海岸岩石的成因与特征、沉积物与地形的特征,以及天气与气候、海洋水体与海洋生物等调查的基础上,在保护环境的前提下对海岸地区及其资源进行管理。

二、海岸带地质调查的内容

海岸带地质调查的地点选在舟山市朱家尖岛。该岛四面环海,由朱家尖海峡大桥与舟山岛相连,岛上有舟山普陀山机场,交通十分便利。朱家尖岛山峦错落有致,沙滩、砾滩遍布海岸线,是十分理想的旅游胜地。从1999年开始,每年一度的国际沙雕节在朱家尖岛举办,吸引了世界的目光;普陀山佛教文化历史悠久,早在五代后晋时朱家尖岛就有了佛教寺院——保安院,另有许多建筑和景点彰显了佛文化的千年底蕴。

得益于旅游和佛学文化,朱家尖岛的自然景观受到了保护,是海岸带地质调查的良好场所。朱家尖岛的地质调查内容包括以下几个方面。

(1)海岸带地质特征:朱家尖岛主要出露花岗岩和火山碎屑岩,沉积岩相对较少。可选择基岩海岸作为教学实习观察点,分析岩浆岩、火山碎屑岩、沉积岩的产状,地层叠置关系,构造形迹,形成时代及形成过程。

(2)海岸动力地貌:描述海蚀崖、海蚀平台、砂质海滩、砾质海滩、泥质海滩的发育特征,分析其构造背景、形成演化、控制因素。

(3)海岸带沉积作用:重点描述砾质海滩和砂质海滩的成分、结构、沉积构造,进行砾石的粒度统计,分析沉积相带和水动力特点,推测沉积物源及沉积演化过程。

(4)工程地质与环境地质:沿途可以观察护岸工程、地质灾害等工程与环境方面的内容,分析护岸工程的形式与作用,观察滑坡、风暴作用、泥石流等地质灾害的特征和构成要素,分析地质灾害的形成机制。

三、实习路线的观察描述

朱家尖岛是在白垩纪岩浆侵入和喷发过程中形成的小岛,历经长期的风化剥蚀,第四纪接受了陆相和海相交替的沉积作用及海岸侵蚀作用,形成地质现象和海岸地貌类型十分丰富的海岸带,由大洋岠冷冻厂、月岙沙滩、大乌石塘、庙根大山山脊、小乌石塘、小塘礁石海滩、十里金沙海滩(南沙、里沙)、大青山等观察点组成4条有特色的地质考察路线。

1. 大洋岠冷冻厂—月岙沙滩路线

实习目的:砂质海滩的沉积物来源、沉积物搬运与沉积作用、海洋侵蚀作用及过程。

实习内容:岩石风化作用与风化壳、海岸侵蚀地貌、沙滩形成与保护、沙滩水动力特征与沉积作用、沙滩沉积物来源、断层与节理。

2. 大乌石塘—小塘礁石海滩路线

实习目的:砾质海滩的沉积物来源、地质灾害类型与作用过程、护岸工程类型与作用。

实习内容:砾质海滩的沉积物特征与分布、砾质海滩的水动力条件、火山碎屑岩与地质作用过程、岩脉与节理、护岸工程的类型与作用、地质灾害作用的类型及成因。

3. 十里金沙海滩路线

实习目的:砂质海滩的沉积物来源、沉积物搬运与沉积作用、海岬的作用及水动力特征。

实习内容:砂质海滩的形成条件、海岬的水动力条件、沙滩沉积物搬运方向、滨岸沙坝的成长过程、第四纪阶地的形成过程。

4. 大青山地质路线

实习目的:火山碎屑岩的特征与形成过程、花岗岩的特征与形成过程。

实习内容:大青山的基岩类型、大青山岩体与大洋岠岩体的区别、构造作用与海岸侵蚀地貌、火山碎屑岩与侵入岩的接触关系、火山碎屑岩的作用过程及岩相划分。

四、总结与思考

对海岸侵蚀与海岸堆积、构造作用与海岸地貌、火山作用与岩浆侵入、古今海洋地质灾害、不同堆积海岸的沉积物源等内容进行总结和思考。

五、主要认识

1. 地质方面

总结岩石地层和构造地质等方面的特征、形成年代及演化过程,具体内容有以下几个方面。

(1) 地层:朱家尖岛出露下白垩统西山头组第四段火山碎屑岩、第四系沉积岩等地层,不同时期的地层固结程度相差较大。

(2) 构造地质:大型的构造主要是断裂构造,小型的构造主要是共轭节理,第四纪构造抬升形成阶地。

(3) 岩石:朱家尖岛出露的岩石主要是浅成侵入岩钾长花岗岩,局部有辉绿岩脉沿裂隙侵入。

2. 水文方面

总结水动力条件,包括潮汐作用、波浪作用以及风暴作用对海岸地貌、海岸侵蚀和海岸堆积的影响,具体内容包括以下几个方面。

(1) 水动力条件:解释海岬的能量聚集过程和沉积物沿海岸线的迁移过程,对波浪的传播过程进行分带并分析波浪破碎过程及类型。

(2) 海岸侵蚀:分析基岩海岸的侵蚀作用,解释波切台的形成过程。

(3) 海岸堆积:分析沿岸沙坝的形成过程及迁移方向,分析砾质海滩中砾石的结构特征。

(4) 粒度分析:对砂质和砾质海滩进行粒度统计,绘制概率累积曲线,进行沉积环境判别。

(5) 潮汐作用:对砂质海滩进行分带,查阅当地的潮汐表,分析潮汐对海滩塑造的影响。

3. 工程方面

结合水动力条件对护岸工程和堆积地貌进行剖析,不同护岸工程所采取的措施有较大差别,不同类型海滩的维护措施也不同,具体措施包括以下几个方面。

(1) 路基:分析沿途砌石路、基护脚块石的作用,重点进行水动力分析。

(2) 人工堤坝:分析人工堤坝的尺寸及作用,估算抵御风浪的高度。

(3) 海岸砾石:观察海岸砾石的粒度变化,分析槽脊方向及形态,推断水动力条件。

(4) 沙滩维护:观察沙滩的形态及粒度分布,分析沙滩养护的气候和自然条件。

4. 环境方面

环境方面内容包括环境污染、地质灾害和海岸线保护等。环境污染在"海洋生物与生态海上综合调查"(A组)部分进行实习,这里不再赘述。地质灾害包括滑坡、泥石流、风暴流对海岸线的改造。海岸线保护包括海岸侵蚀、海岸堆积,是现代的侵蚀和沉积过程。已经总结了水文方面的内容,这里重点总结地质灾害方面的内容,具体如下。

(1)滑坡:简单描述各要素及形成条件,分析滑坡的形成机制。

(2)泥石流:描述岩性及结构构造特征,分析其形成过程及形成条件。

(3)海岸侵蚀:总结海蚀崖的形成过程、海岬的形成演化以及海岸带的生物习性["潮间带海洋生物调查"(B组)的岩相内容]。

(4)海岸堆积:包括砾质海滩、砂质海滩和泥质海滩["潮间带海洋生物调查"(B组)中的泥相内容],结合砾质海滩、砂质海滩、泥质海滩的地理位置以及周围的岩石地层,分析这些海滩的形成条件和沉积物来源。

总而言之,该实习报告是对朱家尖岛地质路线野外工作的全面总结,采取地质调查的基本方法,尽可能详细总结地质、水文、工程、环境4个方面的内容,形成初步的地质调查成果,为海岸带建设提供基础性成果的支撑。此外,海岸带综合调查除了地质调查外,还包括海洋物理、海洋化学、生物生态、海岛调查、经济调查、农业、渔业等,甚至还包括经济建设规划等方面的内容。因此,海岸带地质调查作为海岸带综合调查的重要组成部分,对于经济建设具有十分重要的意义。

第二章 野外教学实习路线

朱家尖岛位于浙江省舟山群岛东南部,是国家级风景名胜区。朱家尖岛是舟山群岛的第五大岛,北与普陀山岛隔海相望,西北紧邻舟山岛,东、南方向朝向大海,西侧与桃花岛等众多岛屿之间相隔着潮汐通道,岛屿面积为72km²。

朱家尖岛的交通十分便利,舟山普陀山机场就坐落在岛屿北部,经快速路过跨海大桥可直达宁波,水路与各大旅游景点相连(图2-1)。

朱家尖岛气候温和湿润,冬暖夏凉,光照充足,属于亚热带海洋性季风气候。年平均气温为16℃左右,8月份最热,平均气温达25.8~28.0℃;1月份最冷,平均气温为5.2~5.9℃。由于受季风不稳定性的影响,夏、秋之际易受热带风暴(台风)侵袭,7—8月份间干旱少雨,冬季多大风,这些是朱家尖岛常见的灾害性天气。

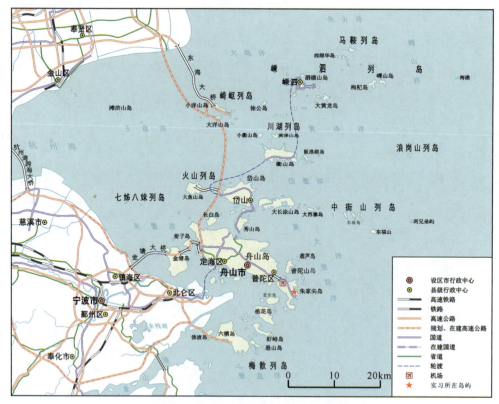

图2-1 朱家尖岛地理位置和交通图

岛屿沿岸海域受长江冲淡水和钱塘江冲淡水形成的低盐水系影响,每年 10 月—次年 5 月份海水混浊,5 月份以后海水清澈。全年海水平均盐度为 28‰ 左右;平均水温为 17℃,2 月份最低(7.8℃),7—8 月份最高(27℃)。

海岸潮汐属不规则的半日潮,最大潮差为 4.3m。潮流以往复流为特征,涨潮流向西,落潮流向东,涨潮流速大于落潮流速。海水的潮汐及台风巨浪作用对岛屿海滨的影响较大,尤其是潮间带地段。

朱家尖岛侵蚀海岸和堆积海岸都特别发育,也有良好的岩石露头(图 2-2)。岩石露头主要是燕山期岩体和地层,喜马拉雅期地层呈不整合覆盖在中西部偏北地区。大面积的燕山期花岗岩在岛屿南北端出露,下白垩统西山头组主要出露在岛屿中部地段,下白垩统九里坪组在大青山西侧局部出露,下白垩统馆头组主要出露在岛屿的西北部。更新统大面积覆盖在中西部偏北地区,全新统非常局限地分布在山麓、山沟、海滩等地。

海岸带地质调查的观察点主要分布在朱家尖岛东海岸(图 2-2),以基岩露头和砾质、砂质海滩为主,按观察内容由北向南依次归纳成 4 条地质调查路线。

图 2-2 朱家尖岛地质简图及考察点(据浙江地质调查大队,1991;陈洪德等,1982 等资料修编)
Qh. 第四系;Qp³. 上更新统;K_1gt. 馆头组;K_1j. 九里坪组;K_1x. 西山头组;$\xi\gamma_5^{3c}$. 燕山晚期钾长花岗岩

第一节 大洋岙冷冻厂—月岙沙滩路线

路线内容：大洋岙冷冻厂—月岙沙滩路线沿线主要是钾长花岗岩露头。受到强烈风化作用和海洋侵蚀作用的影响，该路线主要地质现象有风化壳、海蚀地貌、海积地貌、动力海洋沉积作用以及与断裂相关的构造现象。

■ **观察点(1)：大洋岙冷冻厂**

该观察点观察的内容包括岩性、岩石风化作用、海蚀地貌以及与断裂相关的断层和节理。

1. 岩性

该观察点位于大洞岙岩体的东北部。大洞岙岩体出露面积约 $20km^2$，岩性与普陀山岩体相似。主要岩性为肉红色钾长花岗岩，中粗粒花岗结构，主要矿物为石英（35%～40%）、条纹长石（50%～55%）、斜长石（5%～10%），少量黑云母和副矿物锆石、榍石、磷灰石等（<5%）。据锆石的 U-Pb 年龄测定，岩体年龄为 $(95.8\pm1.0)Ma$（赵蛟龙，2016）。

2. 岩石风化作用

花岗岩经长期风化作用后，在一定的深度内，岩石的成分和结构发生了不同程度的变化，形成了不同风化特征的风化壳。风化壳在不同的地貌部位差别较大：在低洼的公路旁，花岗岩风化壳分带完整（表 2-1，图 2-3），发生明显红壤化；而在高处、陡崖或海水波及的地方，风化壳往往只保留风化程度较低的分带，以球形风化为特征（图 2-4）。

风化作用在不同的气候带差别很大。在温暖潮湿地区，比如我国的南方地区，由于降水多、温度高、化学作用和生物作用显著，形成了物理、化学、生物等作用并存的局面。因此，这些地区风化作用强烈、风化带厚，花岗岩出露区红壤化显著。在红壤化过程中，各个分带显示出不同的作用（表 2-1）：土壤层经受物理、化学和生物 3 种作用；残积层经受物理和化学两种作用；半风化层只有物理作用；基岩是不受任何侵蚀的。而在干燥寒冷地区，比如我国北方，由于降水稀少、冻融突出，通常只有物理风化。

花岗岩最常见的地质现象是球形风化，大洞岙岩体所在的月岙山、白山景区以及对岸的白沙山普遍发育球形风化现象。岩石出露地表接受风化时，由于水平和垂直地面节理的切割，岩石破碎成方块状，棱角突出的部位最易风化。因为角部受 3 个方向的风化，棱边受两个方向的风化，而面上只受一个方向的风化，故棱角逐渐缩减，最终趋向球形，这种风化过程称球状风化。大洞岙岩体节理比较发育，节理破坏了岩石的连续性和完整性，增加了岩石的可透性，在节理密集之处，尤其是在几组节理交会的地方，风化最强烈。在大洋岙冷冻厂—月岙沙滩路线沿途还可以观察到"海豹石""老鹰捕雏""猛虎卧岗"等形状的岩石，这些岩石是球形风化与节理共同作用的结果。

表 2-1 花岗岩风化壳分带(据张宁和陈礼明,1990 修改)

分带	柱状图	主要特征
土壤层		经长期物理风化、化学风化和生物风化作用,形成具有小颗粒的残留矿物、黏土矿物、腐殖质的松散堆积,其中含大量的水和空气。颜色由灰白杂色向上逐渐过渡为紫色、红色,向上风化作用也逐渐加强,从含砾粗粒土到砂土、黏土和亚黏土,原岩结构被逐渐破坏直至被完全破坏
残积层		经长期物理风化和化学风化,形成的一些在地表条件下稳定的产物(多为铁铝氧化物或氢氧化物、黏土矿物)在原地残留。由下而上,风化程度由弱至强,碎屑颗粒由大变小。风化产物以灰白色居多,成分以长石、石英为主,含黑云母,长石部分已风化。节理裂隙极发育,铁锰质浸染严重,岩性破碎,原岩结构清晰
半风化层		岩石以物理风化为主,破碎成碎块,呈褐黄色、肉红色。节理发育,且多被浸染,节理面平整,原岩结构基本保留,矿物部分风化,如钾长石高岭土化作用明显
基岩		未经风化的基岩,呈灰白色至肉红色,成分以长石、石英、云母为主,具原岩结构,节理不发育

图 2-3 大洋岇冷冻厂对面红壤化风化壳
①土壤层;②残积层;③半风化层;④基岩

图 2-4 大洋岙冷冻厂—月岙沙滩路线沿途球形风化现象

3. 海蚀地貌

在大洋岙冷冻厂东侧发育典型的海蚀地貌,形成了海蚀崖、波切台、海蚀凹槽、海蚀穴(洞)、海蚀阶地等地貌(图2-5a)。受波浪的反复冲击、冲洗和海水侵蚀,在海平面附近会出现洞穴,并且成排出现,这种洞穴叫海蚀穴(洞)或浪蚀龛;海蚀穴进一步加深和横向相连会形成向陆地凹进去的线状凹槽,便是海蚀凹槽;如果海蚀凹槽足够深,基岩海岸的岩壁因重力作用而发生崩塌,沿断层节理或层理面形成陡崖,即海蚀崖;这种过程反复进行,导致海蚀崖不断向陆地方向后退,在海蚀崖底部至低潮线之间形成一个向海洋方向微倾斜的平面,即波切台(图2-5b);海面下降或陆地上升,波切台出露海面而形成海蚀阶地。

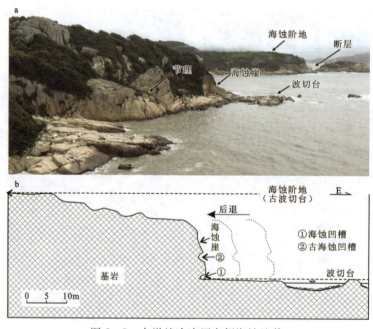

图 2-5 大洋岙冷冻厂东侧海蚀地貌
a.海蚀地貌景观;b.海蚀崖形成过程

4. 断层与节理

岩石因受力而发生破裂,沿破裂面两侧岩块发生显著相对位移的构造称为断层;岩石在自然条件下形成的裂纹或裂缝称为节理。可以根据岩层是否被破坏来判断是节理还是断层,岩层尚未错断的裂缝叫节理,岩层被错开的破裂面叫断层。断层的规模大小不等,大者沿走向延长可达上千千米,向下可切穿地壳。通常由许多断层组成的地带称为断裂带。由于断层的碎裂作用,断裂带岩石破碎而易于被海水侵蚀,形成"V"形或"U"形凹槽;而节理面上的岩石完整,是一些平直的面,节理一般成组出现(图2-5a)。

在公路旁,可以看到由多条断层组成的断裂带(图2-6)。断裂带上至少有3组直立的断层,每组发育多条断层。断层带内的地层强烈破碎,甚至糜棱岩化,而断裂带相邻的岩体发育与断层相垂直的水平节理。3组断层差别很大(图2-6):中间一组最宽,破碎最强烈,已经完全糜棱岩化;左侧一组稍窄,断面清晰,有5个直立断层面,非常平直;右侧一组最窄,断层面也少,但断面与左侧那组一样清晰而且平直。可见,中间断裂组是主断裂面。在断层组之间发育的水平节理间距较宽,为0.5~1m。从断层面与节理面的组合特征推断,断层属于扭动性质,即走滑断裂。

图2-6 大洋峙冷冻厂—月㘭海滩路线沿途断裂带

■ 观察点(2):月㘭沙滩

月㘭沙滩是一个原生态沙滩,又名"大沙里沙滩""老佃房沙滩",坐落在月㘭村老佃房,向北为月㘭村,其形呈畚箕状,东北面朝向大海。月㘭海滩坡度平缓,晴天海水清澈,风暴来临时海水混浊。海滩长约850m,退潮时滩面很宽,约100m(图2-7a);高潮时大部分海滩被淹没,特大高潮时全部被淹没,侧向的风浪形成强烈的沿岸流,从中部汇入,向西北端涌离,形成离岸裂流(图2-7b)。沙滩以细砂为主,粒度比以沙雕著称的南沙海滩的还小。

图2-7 (低潮时)不同潮位的月岙沙滩
a.低潮位时开阔的沙滩;b.风暴潮形成的沿岸流和裂流

1. 波浪的动力分带

根据波浪破碎所产生的动力效应,在横向方向上由海向岸依次可以划分为滨面带、破波带、激浪带和冲洗带(表2-2)。

表2-2 海滩剖面各动力带的水动力及沉积物特征(据Brenninkmeyer,1973修改)

	沉积相	滨面	内滨		前滨	后滨
	动力带	滨面带	破波带	激浪带	冲洗带	
水体	运动形式	振动波	波浪破碎	推进波、回流及裂流,前缘发生水跃	冲洗和回流	风
	能量	向内滨逐渐增高	高	向冲洗带逐渐增高	冲洗向岸增强,回流向海增强	
	主要作用	加积	侵蚀	加积	侵蚀	加积	侵蚀
沉积物	搬运形式	床沙	床沙→悬浮	悬浮	床沙及漂浮	
	粒径	粉砂+细砂	中砂+粗砂	细砂+中砂	粗砂+砾石	细砂
	运动频率	风浪及涌浪频率		涌浪频率	涌浪频率	
	层理类型	交错层理	平行层理	平行层理、向陆倾交错层理	平行层理	平行层理、小型交错层理
	层面构造	不对称+对称波痕	不对称干涉波痕	干涉波痕	冲流痕	风成波痕

(1)滨面带(shoreface zone):以振动波的运动形式传播,海面出现激波,底床形态以浪成波痕为主。

(2) 破波带(breaker zone)：波浪在此破碎，对海底发生较强的侵蚀作用，海面出现卷波，床沙双向搬运，形成沙坝，沙坝内发育浪成、流成波纹交错层理和平行层理；如果海面以崩波的形式破碎，则无沙坝，而形成小波痕。

(3) 激浪带(surf zone)：水体以推进波的形式向岸运动，海面出现多个崩波的破碎带。本带内还有离岸方向运动的裂流和平行海岸方向流动的沿岸流，在相应位置会出现指示单向水流的大型交错层理。

(4) 冲洗带(swash zone)：推进波最后一次破碎形成冲流和回流，形成低角度的底床形态，即冲洗交错层理；如果沙滩沉积物较细，水流下渗缓慢，流速可以达到高流态，形成丘状交错层理。

2. 沙滩的相带划分

根据潮水位的变化以及波浪的动力分带，沙滩在横向上可以划分为后滨、前滨、内滨和滨面4个相带(图2-8)。

各个水动力分带和沉积相分带的特点对比见表2-2。在滨面沉积相内的涌浪带，也称滨面带，以激波为主，形成浪成沉积，有时含风暴沉积；内滨含破波带和外激浪带，以沙坝和沟槽水流沉积为主，叠加浪成沉积；前滨包括冲洗带和内激浪带，发育冲流沉积，有时为高流态的逆行沙丘沉积；后滨只有特大高潮才能波及，以风成沉积和风暴冲越沉积为主。

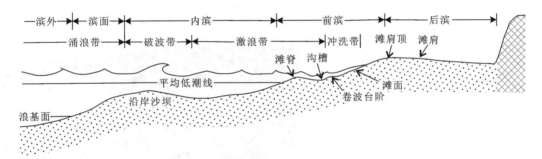

图2-8 海滩剖面示意图(据Davis,1985)

(1) 后滨(backshore)：位于平均高潮线至特大高潮线之间，地形平坦，与前滨的分界点叫滩肩(berm)。后滨以风成沙丘和高能的风暴冲越流沉积为主，形成高角度的交错层理(风成)和薄的平行层理(风暴)。

(2) 前滨(foreshore)：位于平均高潮线与低潮线之间，常呈一向海微倾的斜面，发育低角度的冲洗交错层理，沉积物细且纯净；坡度较缓、沉积物较细的冲洗带则出现丘状交错层理。

(3) 内滨(inshore)：又称上临滨，位于平均低潮线与破波线之间，地貌特点是具有平行岸线的水下沙坝和垂直岸线的裂流水道，发育单向水流形成的大型交错层理、波纹交错层理以及平行层理，也见浪成波纹交错层理，此带沉积物颗粒相对较粗。

(4) 滨面(shoreface)：又称下临滨，位于破波线和浪基面之间，下限是波浪能够搬运沉积物最深的地方，约1/2波长的水深，即浪基面。该带沉积物细，发育近于对称的浪成波痕，在风暴气候下形成高流态的风暴沉积，即快速堆积的介壳层和高流态的丘状交错层。

思考题

1. 大洋岙冷冻厂花岗岩中的主要矿物有哪些？
2. 大洋岙冷冻厂花岗岩发育几组节理？
3. 月岙沙滩的沙来自何处？
4. 沙滩的建设和破坏受什么气候条件控制？
5. 图2-7中的流水是否与风向有关？请结合现场的地形地貌进行详细分析。
6. 海滩环境中的沉积相分带与水动力分带有何内在联系？

第二节 大乌石塘—小塘礁石海滩路线

路线内容：大乌石塘—小塘礁石海滩以主要发育砾石滩为特征，而且砾石的成分主要为深色火山碎屑岩，大乌石塘和小乌石塘由此得名。大乌石塘—小塘礁石海滩路线沿途出露的岩石以流纹质含角砾熔结凝灰岩和凝灰角砾岩为主。小乌石塘北岸见一处小型滑坡，因而环境与工程问题也可作为本路线的考察内容之一。

■ 观察点(3)：大乌石塘砾石海滩

大乌石塘位于大洞岙东侧的樟州湾西岸，是闻名遐迩的"乌石砾塘"。砾石滩长约600m，宽40～50m，高约5m，习惯称之为"大乌石塘"（图2-9）。海滩由乌黑扁平的砾石组成。砾石成分单一，基本都是含角砾熔结凝灰岩或熔结凝灰岩及安山岩、辉长岩等，大小比较均匀，平均粒径为2.4～6.4cm，分选好，呈极圆状，部分为扁平状，结构成熟度高（图2-10）。从堤岸的后缘到海面位置，砾石粒度总体上向海方向变小，坡度由缓变陡再变

图2-9 大乌石塘砾滩(右东)

缓，在潮间带（前滨）最陡，陆上（后滨）和水下（内滨）都很平缓，平均坡度为10°～20°，最大可达到62°（王爱军等，2004）。

大乌石塘三面临山一面朝海，而大乌石塘砾石滩附近的山上出露的岩石都是花岗岩，因此海滩砾石并非滚石。据元朝史书《昌国州图志》的描述，大乌石塘砾石海滩的规模和砾石特征与现在不相上下，说明这种砾石海滩至少有700多年的历史。该书还记载了一种传说，大乌石塘的砾石是暴风雨裹挟而来的，因此推断砾石的来源为风暴成因。

砾石滩的滩顶一般高出海平面2～4m，平时的波浪和潮流仅对砾石滩的中下部进行改造，上部的滩面只有风暴浪才能波及，而且上部的砾石远比中下部的粗大，平时的波浪和潮流

是无法移动砾石的。由此说明,平均高潮线以上的砾石接受了风暴的改造。

图 2-10　大乌石塘砾石海滩

根据砾石的结构和空间排列,大乌石塘砾滩从岸向海可大致分出 5 个带(陈洪德等,1982;张国栋等,1987)(图 2-11)。

(1)大盘形砾石带:砾径最大,平均砾径为 32~64mm,砾石形态以圆盘状或扁平状为主,球状及杆状次之,常常平铺滩顶,但没有定向性。

(2)叠瓦状砾石带:砾石仍以圆盘状或扁平状居多,但杆状有所增加,最大的特点是扁平的砾石呈叠瓦状排列,扁平面向海。

(3)内侧骨架带:球状和杆状砾石增多,圆盘状和扁平状砾石减少,叠瓦状砾石排列减弱,圆盘状和扁平状砾石粗大,形成骨架,其余砾石细小,充填其中。

(4)球—杆状砾石带:以球状和杆状砾石为主,圆盘状或扁平状砾石进一步减少,杆状砾石平行于岸线排列。

(5)外侧骨架带:最靠近海的一侧,砾石的砾径较小,砂粒含量陡然增加,形成砂砾层,砾石组成骨架,砂粒充填其中,因此分选很差。

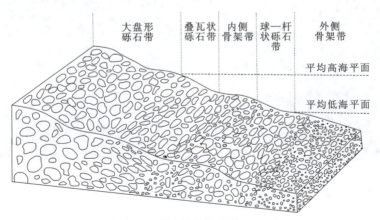

图 2-11　大乌石塘砾滩的结构分带(据张国栋等,1987)

砾石滩的结构分带也有风暴改造的特点(张国栋等,1987),表现为:首先,圆盘状和扁平状砾石占绝对优势,呈叠瓦状排列,最大扁平面朝向大海;其次,砾石的形态和分选分带性特别突出,朝海方向砾径变小。

据研究,在邻近的小乌石塘和东沙砾滩、普陀山岛的华岩蓬滩、舟山岛的塘头都可以看到大乌石塘的砾石分带及结构特点,都有风暴浪改造的痕迹。

因此,部分学者解释砾石的来源为:漳州湾南岸出露深色火山碎屑岩,包括流纹质凝灰角砾岩、含角砾熔结凝灰岩等,成分与大乌石塘的砾石相当,故推测漳州湾南岸的岩石风化后滚落到樟州湾,风暴浪再将滚落的砾石搬运至湾顶并卷跃上岸,形成以乌黑色砾石为主的海滩。风暴浪确实可以使砾石滩向岸推移加宽 5~8m,增高 1~2m(陈洪德等,1982;张国栋等,1987)。

如果这种解释成立,樟州湾内海底应该布满与砾石滩成分相当的滚石,因而该推断需要进一步的调查佐证;当然还有一种可能是人为因素,至少部分砾石是在每年的维护时进行人工补给的,即使是棱角状的砾石,经过若干年的海浪和风暴浪的冲蚀,也可以形成极圆状的砾石。

但是,无论如何解释砾石的来源,无论是砾石大小、磨圆度、排列的定向性还是砾石成分的单一性、砾石大小形状的分带性,大乌石塘的砾石滩确实留下了风暴浪改造的痕迹。因此,风暴浪确实给海滩留下了永久的记录。

■ 观察点(4):庙根大山山脊

庙根大山山脊位于大乌石塘与小乌石塘之间,发育酸性火山碎屑岩类,其沿庙根大山广泛分布。酸性火山碎屑岩的耐风化性是山体挺拔的关键因素。

山脊露头的岩性以流纹质含角砾含晶屑玻屑熔结凝灰岩为主(图 2-12),角砾的成分为凝灰岩、凝灰角砾岩。凝灰质角砾的颜色深浅不一,从深灰色到浅灰色代表了凝灰质不同的蚀变程度,深灰色蚀变程度低,浅灰色蚀变程度高,说明被裹挟岩层受烘烤的温度有所差别,可能与裹挟岩层的深浅有关,浅层温度低,因此蚀变程度弱。

图 2-12　庙根大山山脊含角砾熔结凝灰岩

a.各种来源砾石,灰色至黑色砾石代表不同风化程度,可能为不同埋深;b.含大量晶屑的含角砾熔结凝灰岩

显微镜下观察结果表明,庙根大山山脊含角砾熔结凝灰岩中主要成分是极其细小的火山灰,局部含大量斜长石微晶,微晶长 $100\sim150\mu m$(图 2-13);可见结晶析出的斜长石斑晶,斜长石大小为 $1\sim1.5mm$(图 2-14)。

岩层呈巨厚层状,断面新鲜,风化程度低。节理发育,一般垂直层面,后期被充填成脉状。

根据区域地质调查成果,下白垩统西山头组第四段的熔结凝灰岩主要分布在朱家尖岛庙根大山,其岩性有一定的代表性。在野外工作中发现,该段熔结凝灰岩的岩性在横向上具有一定变化,主要的变化是逐渐向沉凝灰岩过渡,在其他的观察点需要注意观察这种变化。

经过比较发现,大乌石塘和小乌石塘多处海滩的砾石成分与该段的熔结凝灰岩非常接近,说明海滩上的砾石可能来源于这种岩石。至于砾石是如何被搬运到海滩上的还有待于进一步的研究。

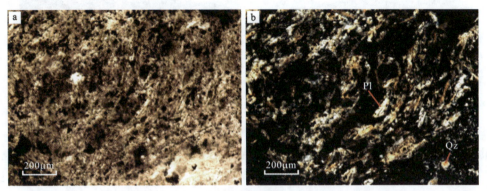

图 2-13　含角砾熔结凝灰岩显微特征
a.单偏光(10 倍×10 倍);b.正交偏光(10 倍×10 倍);Pl.斜长石;Qz.石英

图 2-14　含角砾熔结凝灰岩中的斜长石斑晶显微特征
a.单偏光(10 倍×5 倍);b.正交偏光(10 倍×5 倍);Pl.斜长石;Qz.石英

■ 观察点(5):小乌石塘砾石海滩

小乌石塘位于庙根大山南麓,长约 400m,宽 40～50m,高约 3m,相比大乌石塘规模略小,因此当地人称其为"小乌石塘"(图 2-15)。小乌石塘海滩也全部由乌黑色的砾石组成,成分和结构与大乌石塘并无差别。该海滩坡度以单一的缓坡为主,但比沙滩要陡得多,平均坡度为 10°～11°,最大为 25°(王爱军等,2004)。

据研究,小乌石塘砾石海滩的成因与大乌石塘无异,也有风暴流改造。与大乌石塘海滩一样,姑且不论其成因是风暴,还是人工堆积,风暴的改造和记录确凿无疑。风暴过后,沿岸方向形成起伏不平的地貌形态,半米多深的凹槽向海加深并垂直岸线,沿岸线重复出现。这种凹槽是风暴潮的裂流留下的记录,风暴激增的涌水沿凹槽快速回流大海,其能量之高可见一斑(图 2-15)。

图 2-15 小乌石塘砾石海滩
a.海滩景观(右东);b.海滩景观(右西)

在小乌石塘北岸有一处滑坡,滑坡的多种要素清晰可见,包括断崖后壁、滑坡台地、滑坡舌、醉汉林等(图 2-16)。断崖后壁向下延伸就是滑动面,是滑坡体受重力作用向坡脚整体移动的一个面,这个面分开滑坡体和滑坡床(滑坡床是原地未移动的山体);滑坡台地是沿滑坡后壁向下移动的一个阶地;滑坡舌是滑坡体延伸的最前端,呈舌状覆盖在砾石海滩上;醉汉林(醉汉树、马刀树)的出现说明其下的山体(即滑坡体)发生了倾斜或变形。滑坡详细要素和结构见图 2-17。

图 2-16 小乌石塘滑坡

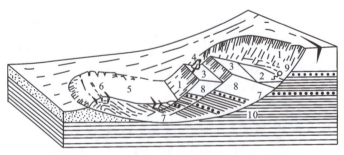

图 2-17 滑坡要素示意图(据仇大海等,2010 修改)
1.滑坡后壁;2.滑坡洼地;3.滑坡台地;4.醉汉林或马刀树;5.滑坡鼓丘/滑坡舌;
6.张性裂缝;7.滑动面;8.滑坡体;9.滑坡泉;10.滑坡床

由于海岸带受到海浪或风暴浪的不断侵蚀作用,海蚀凹槽不断扩大,山体坡脚被掏空,在重力作用下,山体向下滑移形成滑坡。防治滑坡的基本措施是减小海岸带的侵蚀,因此可以建设必要的工程,其中堆石或混凝土工程都可以起到保护作用。在南岸筑有混凝土工程,使堤岸免受海浪的强烈侵蚀,很好地保护了堤岸(图 2-15b)。

■ 观察点(6):小塘礁石海滩

小乌石塘村东侧有两个海滩,当地人称大塘和小塘,像一对翅膀坐落在南、北两处,中间仅仅隔了一座 150m 宽的小山包——鳖头颈。大塘便是小乌石塘,而小塘则是个礁石海滩。实习中,在小塘礁石海滩重点观察 5 项内容。

1. 砾石的结构分带

根据沉积物来源及成因自海向陆可以分出 3 个带(图 2-18a、b):第一个带是礁石后砾石带,大部分砾石源自礁石的破碎,分选差,呈棱角状,为极短距离的搬运,波浪作用小,仅受涨落潮影响,砾石轻度磨蚀,砂砾混杂;第二个带是砂-砾混合带,下部是砂,上部是砾石,粒度逐渐增大,上限是高潮位,是涨潮后的波浪作用地带,经波浪改造和簸选,造成砂砾分离;第三个带是纯砾石带,只有风暴浪才能对其进行搬运和磨蚀,与大乌石塘和小乌石塘的形成机制相当,因此砾石砾径偏大,分选较好,呈圆状或次圆状,结构成熟度较高。

图 2-18 小塘礁石海滩

a.礁石海滩分带(左东右西);b.礁石海滩分带(左西右东);c.风暴流形成的砾石沟垄

2. 风暴流改造

砾石在平行线的方向上形成沟脊相间的砾石垄,沟的宽度为 2～2.5m,脊上有时还有次一级小沟叠加在上面。根据这些沟槽的分布和形态特征判断,这里有强烈的沿岸流改造。这种沿岸流水流很急,能量特别高,高潮面又无法波及。因此,高潮位下的波浪不但无法达到,而且没有这么高的能量,只有风暴潮能够达到这个高度。图 2-18c 的拍摄位置为一处岩石峡谷,风暴流在这里汇聚,能量激增,是形成沟脊的动力来源。

3. 南岸凝灰质砂砾岩

砾石成分复杂,以熔结凝灰质火山碎屑为主,含少量砂砾岩,呈次棱角—次圆状,属于近物源,但有一定距离的搬运作用。砂砾岩为块状构造,局部有成层性(图 2-19a),砾石大小不一,分选差,基质支撑,个别砾石特别粗大,最大可达 2.5m(图 2-19b),可能源自滚石。综上所述,推测该地层属于凝灰角砾的再沉积,具有泥石流的特征。在海滩的礁石中,有些地层则是典型的沉凝灰岩,这套地层与附近火山碎屑岩的成因不同,已向沉积岩过渡,因此可能是火山喷发间隙的产物。

这套地层的节理十分发育,相互垂直,有两组节理(图 2-19c)。这是一种特殊的节理,两组相关的节理通常情况下呈锐角或钝角相交,相互垂直的节理有可能与火山机构的塌陷有关,一组呈同心状,另一组呈放射状,两组相互垂直。

图 2-19 小塘礁石海滩南侧凝灰质砂砾岩

a. 凝灰质砂砾岩,局部成层性好;b. 滚石漂砾,直径大于 2.5m;c. 凝灰质砂砾岩,节理发育,两组节理相互垂直

4. 基性岩脉

在小塘礁石海滩南侧的礁石基岩中发育一条辉绿岩脉(图2-20),宽约60cm,延伸大于10m,是一基性岩脉。在其他多处可见到基性岩脉,在小乌石塘的北侧(图2-21)、南沙海滩的南侧、里沙海滩的北侧、青沙海滩的北侧都发现基性岩脉。岩脉一般呈东西向延伸,多数位于两沙滩之间,与海岬的位置高度重合,说明岩脉的侵入可能受控于某种构造机制。岩脉排列与所处火山机构的同心圆状分布接近,是否与火山机构塌陷引起的张性裂隙有关,有待于区域性上的进一步调查。

图2-20 呈直立岩墙的基性岩脉

a.小塘礁石海滩(俯视,脉体宽1m左右);b.小乌石塘

图2-21 基性岩脉的镜下显微特征

a.单偏光(10倍×5倍);b.正交偏光(10倍×5倍);Chl.绿泥石;Cpx.单斜辉石;Pl.斜长石

5. 基岩海岸的生物群落

在礁石上有大量的附着生物,常见软体动物有短滨螺、单齿螺、疣荔枝螺、锈凹螺、青蚶、泥蚶、等边浅蛤、条纹隔贻贝、嫁蝛等,节肢动物有鳞笠藤壶、海蟑螂、寄居蟹等(图2-22)。据研究,生物数量在低潮水位远比高潮水位繁盛(尤仲杰和王一农,1989)。

图 2-22 小塘礁石海滩附着生物

思考题

1. 大乌石塘和小乌石塘的砾石是天然成因还是人工投放的？
2. 详细观察砾石滩的海岸地貌与砾石排列，用水动力学原理解释该现象。
3. 大乌石塘、小乌石塘与小塘礁石海滩在生物丰度上有何区别？
4. 比较小塘礁石海滩不同分带上的生物类型和丰度，分析其生物习性。
5. 庙根大山山脊与小塘礁石海滩都是基岩，它们的结构和成因有何区别？
6. 观察分析庙根大山风化岩土与基岩岩性的关系。
7. 分析基性岩脉的产状与火山机构的内在联系。

第三节 十里金沙海滩路线

路线内容：在朱家尖岛的东南部沿海，蜿蜒伸展着东沙、南沙、千沙、里沙、青沙 5 个金色沙滩，每个沙滩都有海岬抵御风浪侵蚀，独立成景，一个连接一个，组成庞大的链状沙滩群，全长 5000 多米，号称"十里金沙"（图 2-23）。每个沙滩的砂粒粒度偏细，以细砂为主，成分单一，石英含量高，是优质的旅游、娱乐、游泳场所，其中南沙为世界沙雕节的理想举办场所。

图 2-23 十里金沙海滩
(据 www.PUTUO.Gov.CN)

■ **观察点(7)：南沙海滩**

南沙海滩是十里金沙的中心，北有东沙，南有千沙、里沙和青沙，是华东地区罕见的沙滩组群，以"五沙连环"著称。沙滩平坦宽阔，砂质细腻柔纯，被世界沙雕协会（WSSA）视为世界上砂质和风景最好的沙滩之一。自 1999 开始，每年一届的中国舟山国际沙雕节，吸引了无数海内外游客（图 2-24）。

南沙沙滩长 1250m，宽 250m，地势平坦，海滩沉积物主要为砂和含砾砂，其中以砂为主，占 67%，含砾砂占 33%。含砾砂又以具有较高的砂组分为特征，多数样品占 95% 以上，多分布在海滩的中部偏西南区域。在晴天气候下，波浪能量低，潮间带以细砂和粉砂为主，水流下渗慢，在退潮过程中可见大面积潮湿的沙滩(图 2-25)。沙滩的背后是海蚀阶地，其高度与现代沙雕的高度相当，相当于大洋岭冷冻厂海蚀阶地的高度。

图 2-24　南沙的中国舟山国际沙雕节　　　　图 2-25　南沙海滩

风暴浪可以彻底改变沙滩的地形地貌和沉积结构。风暴可以直接对风成砂带下部和后滨带的中上部进行侵蚀改造并将沉积物覆盖其上(张国栋等,1987)。晴天气候下的沉积构造是低角度的冲洗交错层理，而在风暴气候下出现强烈的冲刷面、贝壳和砂砾组成的滞留沉积，随后出现高流态的平行层理和丘状交错层理(图 2-26)。因此，风暴沉积层常常夹持在晴天气候沉积层中。

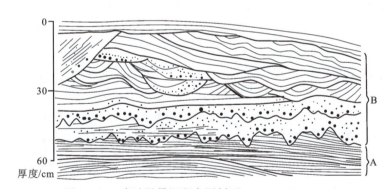

图 2-26　南沙风暴沉积实测剖面(据张国栋等,1987)

A. 台风前沉积；B. 台风期沉积，底部为贝壳碎片和砂砾等滞留沉积，向上依次
为冲刷—充填构造、平行层理、丘状交错层理、冲刷交错层理和前积纹层理等

海岬又称陆岬，是指深入海中的尖形陆地。波浪传入浅水后，由于波速和地形的影响，使波浪改变方向，即产生折射现象。波峰线由深水进入浅水的过程中，逐渐趋向于与等深线平行，即波向线逐渐与等深线垂直。如果海岸线不平直，受折射的影响在海底凸出的海岬处波向线产生辐聚，而在凹进的海湾处波向线趋于辐散(图 2-27)。因此，在海岬处常出现的波浪较大，而在海湾处波浪相对较小。海岬易受侵蚀，侵蚀下来的沉积物向海湾方向输运，并堆积在海湾岸线上，形成沙滩，这就是"五沙连环"长期发育的根本原因。

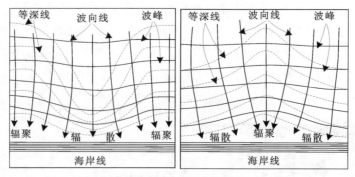

图2-27 海浪的辐聚与辐散现象(据冯士筰等,1999)

■ 观察点(8):里沙海滩

里沙海滩又称岙沙、西莲花池大沙滩,相传普陀山僧人曾在此建西莲花池,因而得名。里沙海滩位于里岙村前,长约750m,宽170m,沙滩坡度平缓,砂质纯净。沙滩以中细砂为主,高潮时潮水可以淹没整个海滩。

1. 里沙生态园

沙滩后面是黄连木林,长500m,宽100m。黄连木林带有百余年历史,在古时为防风固沙林,现被开辟为恋莺园。其中,黄连木生长最盛,占乔灌木的80%,还有难得一见的千年罗汉松。其他植物包括石楠、糙叶五加、小叶女贞、香樟、劈荔、胡颓子、中华常青藤、金银花、夏枯草、毛天仙果、络石、枸杞、淡竹等乔灌木植物25科,共34种。

2. 海蚀地貌

里沙海滩北侧是鸳鸯礁,远观可见海蚀阶地、波切台、海蚀崖、海蚀柱等海蚀地貌(图2-28)。波切台代表现在的平均海平面,而海蚀阶地代表地质历史时期的平均海平面。究其原因是海平面下降或海岸带隆升,与大洋峙冷冻厂、南沙海蚀阶地的高度相当。海蚀柱是海岛侵蚀的结果,具体形成过程为:海浪冲击并侵蚀海岛,逐渐形成海蚀凹槽;海蚀凹槽加深,海岛临海坍塌,形成海蚀崖;海蚀崖后退,海岛缩小,最后形成海蚀柱;再进一步侵蚀,海蚀柱也会消失,形成波切台。

思考题

1. 十里金沙海滩绵延约5km,组成庞大的链状沙滩群,其物源来自哪里?
2. 沙滩与砾滩的形成机制有何不同?
3. 同样东临大海,沙滩与砾滩的水动力条件有何不同?
4. 沙滩与砾滩所处的基岩条件有何区别?
5. 地质构造是否影响了沙砾滩的发育?
6. 沙砾滩与泥滩发育的条件有何不同?
7. 沙砾滩与泥滩的物源有何区别?

图 2-28 里沙海滩及北侧鸳鸯礁海蚀地貌
a.低潮位；b.高潮位

第四节 大青山地质路线

路线内容：大青山国家公园位于朱家尖岛的南端，区域面积约 $10km^2$，有朱家尖岛的最高峰——青山峰(378.6m)。青山顶视野开阔，是千岛海景的最佳观赏点，东北面与普陀山岛、东极岛(指东极镇所辖岛屿)隔海相望，南眺东亭山灯塔和洋鞍渔场，西面是桃花岛和进出东海渔场的主要通道乌沙门水道，西北面则是"中国渔都"沈家门渔港。海洋性气候和地质条件的特殊性使这里汇聚了海蚀崖、海蚀台地、海蚀沟壑、海蚀海岬等各种海蚀地貌，特别是以里柱弄海沟为主体的峭壁公园，被誉为"海崖礁石荟萃之地"。该路线包括青沙北熔结凝灰岩与沉凝灰岩交替成层、喷水洞钾长花岗岩两个观察点，主要观察花岗岩体与火山碎屑岩地层及其接触关系。

■ 观察点(9)：青沙北

基岩露头出露于里沙海滩与青沙海滩之间，位于青沙的正北方向。出露岩石为浅灰色流纹质晶屑凝灰岩与沉凝灰岩，两种岩石交互成层(图 2-29)，另有少量流纹质熔结凝灰角砾岩，深灰色不规则安山玢岩脉穿插其中。

流纹质晶屑凝灰岩中晶屑以长石为主，含少量石英，凝灰结构，块状构造(图 2-30)。凝灰岩中含少量砾石,岩石底部界面不平整,对下伏沉凝灰岩层有一定的向下侵蚀作用。

沉凝灰岩主要成分为流纹质,颗粒较细,以中细粒含砾砂岩为主,层理发育,见水平层理、楔状交错层理及粒序层理,其中粒序层理为正粒序。

图2-29 青沙北沉凝灰岩与凝灰岩互层

图2-30 青沙北流纹质熔结凝灰岩的镜下显微特征
a.单偏光(10倍×5倍);b.正交偏光(10倍×5倍);Pl.斜长石

流纹质熔结凝灰角砾岩中的砾石以流纹质凝灰岩为主;火山灰胶结,孔隙不发育;砾石呈次棱角—次圆状,角砾无定向性,砾径为2~7cm(图2-31),分选极差。

凝灰岩与沉凝灰岩频繁互层,多达几十层,反映火山活动频率很高。从凝灰岩到凝灰质

图2-31 青沙北流纹质熔结凝灰角砾岩

砂砾岩成对出现,每次活动从活跃期向宁静期过渡,代表一次火山喷发过程,熔结凝灰角砾岩则代表更强烈的火山活动。

■ 观察点(10):喷水洞

1. 基岩

钾长花岗岩观察点在五沙连环观景台停车场、喷水洞观察台等地,分别位于大青山岩体东部和南部。里沙与青沙之间的人工堆砌的护岸方石也是钾长花岗岩。大青山岩体出露面积约 7km²,为浅灰白色中细粒钾长花岗岩,发育晶洞构造(图 2-32),表明岩体形成位置较浅。主要矿物有石英(25%～35%)、条纹长石(60%～65%),含少量钠铁闪石、霓石,及副矿物锆石、独居石、萤石(<5%)。据锆石的 U-Pb 年龄结果,结晶年龄为(88.1±0.9)Ma(赵蛟龙,2016)。

图 2-32 大青山岩体钾长花岗岩

2. 海蚀地貌

喷水洞的基岩是下白垩统西山头组第四段的火山碎屑岩。由于该段岩层具有层状结构,在海水对地层的差异性侵蚀作用下,长期的侵蚀形成了沿层发育的洞穴。多数洞穴外大里小,部分洞穴相互连通形成喷嘴。涌入洞穴的水流由于洞穴外大里小,流速激增,并从其上方连通的洞穴喷涌而出,形成独特的喷水景观(图 2-33)。

在喷水洞的后方有一条东西向的沟槽,平直而且约 2m 宽,推测是断裂发育所致(图 2-33b)。由于断层的破碎作用,沿断裂带部位容易遭受侵蚀。断裂带与岩层的走向垂直,以此与层岩的差异性侵蚀相区别。

3. 风动石

风动石又名兔石,其奇妙之处就在于它前后左右质量平衡状态极佳,大风吹来时,石体左右晃动,但倾斜到一定角度就不会再动了,故称风动石(图 2-34)。一般情况下,风动石多数不会再随风而动,主要用来形容一种极限的侵蚀作用。岩石看上去摇摇欲坠,与基岩的连接处被侵蚀殆尽。

图 2-33 大青山喷水洞海蚀地貌

图 2-34 大青山风动石

4. 五沙连环

在大青山的观景台,俯瞰五沙连环,东沙、南沙、千沙、里沙和青沙尽收眼底(图 2-23),每个沙滩的两翼都有基岩海岬抵御风浪。延伸比较远的海岬包括东沙北岸的牛泥塘山、南沙北岸的情人岛、青沙南岸的牛头山和里沙北岸的鸳鸯礁,只有千沙北岸的姆岭山咀和青沙北岸的无名礁延伸不远,后者人工堆砌了花岗岩块石,同时保护了路基和海岬(图 2-35)。

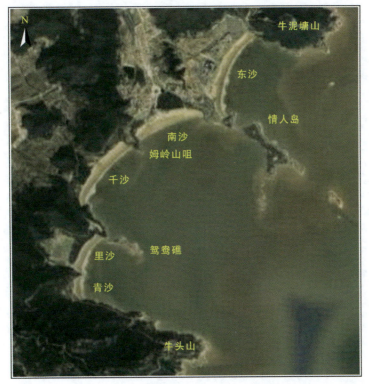

图 2-35　五沙连环的海岬与沙滩卫星影像图

注：引自 Google 地图，增加了相关标注点。

思考题

1. 青沙北的基岩与庙根大山山脊及小塘礁石海滩出露的基岩有何区别？
2. 大洋峙冷冻厂和大青山花岗岩体在砂质海滩的形成过程中起什么作用？
3. 钾长花岗岩与火山碎屑岩有没有成因联系？
4. 钾长花岗岩与火山碎屑岩为何会同时在地表出露？
5. 海滩和海岬的走向与断层和节理构造有无成因联系？
6. 试从火山机构、区域构造、岩体岩脉分布等方面分析海岬的形成机制。
7. 分析大青山、庙根大山、白山景区等大山的形成与岩浆岩的侵位关系。

第二部分

地质背景与基础知识

第三章　舟山地区地质演化简史

实习区位于舟山群岛的第五大岛——朱家尖岛,构造体系属于华南山系的一部分,出露地层和岩石主要是燕山期(白垩纪)流纹质火山碎屑岩、酸性侵入岩、基性岩脉、沉凝灰岩以及喜马拉雅期(第四纪)沉积地层。实习区地质演化主要受燕山期岩浆侵位和喜马拉雅期构造运动的影响。

第一节　构造特征

从板块构造的角度,中国大陆是由泛华夏陆块群、劳亚和冈瓦纳等多个大陆边缘、多个大洋(如古亚洲洋、特提斯洋、太平洋和泛大洋等)洋陆转换逐渐聚合增生而成的(潘桂棠等,1996,2009,2016)。最核心的陆块是华北、塔里木和扬子 3 个陆块(地台),经过不断的增生、碰撞、拼合,形成由造山带与陆块组成的大陆,逐渐形成统一的大陆(图 3-1)。华夏造山带也是相对稳定的,南华纪—震旦纪就有华夏地块(也称为江南古陆)。因此,杨文采和于常青

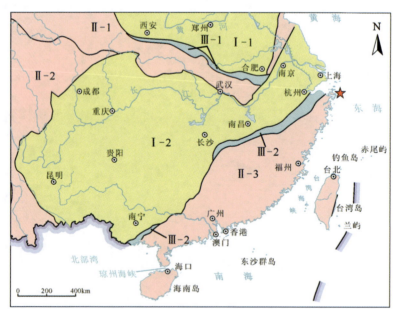

图 3-1　实习区所处的大地构造位置(据张克信等,2015 修改)

Ⅰ-1.华北陆块;Ⅰ-2.扬子陆块;Ⅱ-1.昆仑-秦岭-大别造山带;Ⅱ-2.羌塘-三江造山带;Ⅱ-3.华夏造山带;
Ⅲ-1.宽坪-佛子岭对接带;Ⅲ-2.江山-绍兴-钦防对接带;★.实习区位置

(2015)认为华夏造山带与华北陆块和扬子陆块一样,都是稳定的克拉通。在南华纪,华夏地块与扬子陆块碰撞,形成江山-绍兴-钦防对接带(碰撞带),华夏地块与扬子陆块拼合成华南地块。在三叠纪,华南地块再与华北陆块(地块)拼合,形成统一的大陆。

华夏地块内部断裂纵横,尤以北东—北北东向断裂最为发育。政和-大埔断裂和长乐-南澳断裂作为其中两条主要的北北东向深大断裂,向北均延伸至浙江省内,在浙江省分别被称为丽水-上虞断裂和温州-镇海断裂(图3-2)。由于切割深度大,断裂可为上地幔玄武质岩浆底侵及诱发的花岗质岩浆迁移提供有利通道,控制着区域中生代、新生代岩浆岩的分布、规模和产状。

从华南地区晚中生代岩浆岩的年龄分布结果来看,中酸性岩浆的侵入活动在170~120Ma之间几乎呈连续分布,而中酸性火山活动的高峰大致出现在140Ma之后,基性岩在白垩纪之后,而且以岩墙、岩脉形式侵位(周静,2016)。晚中生代华南腹地的A型花岗岩、东南沿海一带的中酸性火山岩和基性侵入岩均有一个由南西往北东逐渐迁移的过程,表明岩石圈的伸展在整个华南地区是不同步的(图3-2)(孙涛,2006;Jiang et al.,2015;周静,2016)。

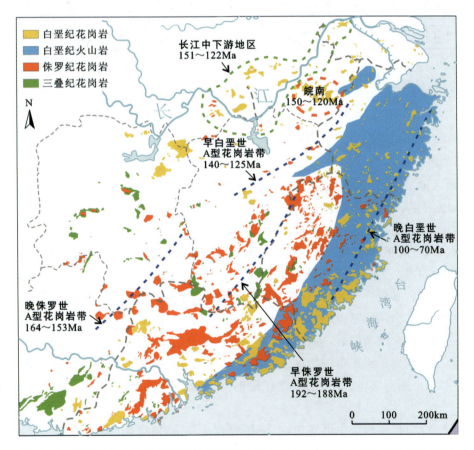

图3-2 华南地区中生代岩浆岩分布图(据孙涛,2006;Jiang et al.,2015;周静,2016修改)

舟山群岛是华夏地块向北东方向东海海域的延伸,构造与地层特征完全承袭华夏地块的特点。燕山运动晚期形成的一系列北北东向压扭性断裂以及北北东向、北西西向等次级断裂,构成了舟山地区的主要构造格架(图 3-3)。昌化-普陀东西向断裂带和镇海-温州北北东向断裂带分别通过舟山地区的南部与西部边缘。江山-绍兴断裂、丽水-奉化断裂等均汇聚于舟山群岛一带。舟山群岛的形态明显受北北东向和北西西向断裂的共同控制。

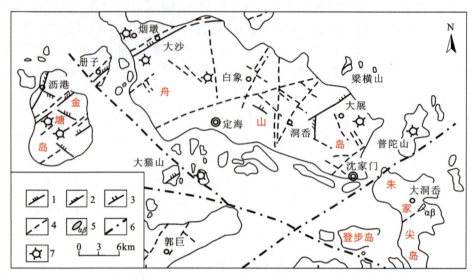

图 3-3　舟山地区断裂构造及白垩纪火山机构(据汪豫忠,1995)
1.压性断裂;2.压扭性断裂;3.张性断裂;4.性质不明断裂;5.安山玄武岩脉;6.隐伏断裂;7.火山口

第二节　地层发育

舟山地区地层区划属华南地层区东南沿海分区舟山小区,位于浙闽粤沿海燕山期火山活动带北段,地层分布严格受其控制。舟山地区出露的地层主要有 3 套(表 3-1)。

(1)前泥盆系:出露于岱山县大衢山北部及邻近的扁担山、双子山、黄泽山等岛屿,中深变质的基性火山岩-沉积岩系,主要有黑云母斜长片麻岩、斜长角闪岩、硅质岩、长英质变粒岩、长英质片麻岩、片岩、不纯的石英岩夹砂泥质、白云质大理岩,局部变质程度较强的地区可出现混合岩化花岗岩和混合岩,时代是中元古代(张国全等,2012)。

(2)中生界:下白垩统是舟山地区出露的主要地层,以中酸性—酸性火山碎屑岩为主,有少量的酸性熔岩和火山沉积岩,属钙碱性系列或弱碱性岩系,局部的沉积岩与火山机构的沉陷有关。地层分区处于浙东南陆相火山岩区内,岩相、岩性和厚度变化都很大,岩相分布受火山机构的控制,出露地层包括高坞组、西山头组(细分为 4 个段)、茶湾组、九里坪组、馆头组 5 个组。

(3)新生界:包括第四系中更新统、上更新统和全新统,以海积、冲海积亚黏土为主,少量砂砾石等与之交互成层。中更新统未分组为陆相地层;上更新统分为 2 个组,由陆相向海陆交互相演化;全新统分为 3 个组,都是海陆交互相。

表 3-1 舟山地区地层划分表

界	系	统	地层名称		接触关系及代号	岩性描述
新生界	第四系	全新统	上组		Qh^3	海积亚黏土，局部为冲洪积砂砾石、风积砂
			中组		Qh^2	海积淤泥质亚黏土、粉土质亚黏土，局部为海积砂、砂砾石
			下组		Qh^1	海积淤泥质亚黏土、冲海积亚黏土，局部为冲洪积砂砾石
		上更新统	上组		Qp^{3-2}	上部：冲洪积、冲海积亚黏土；中部：海积亚黏土、粉土质亚黏土，淤泥质亚黏土，局部为冲洪积砂砾石；下部：平原区为湖积亚黏土，局部为海积亚黏土，山前为冲洪积、坡洪积砂砾石、砂砾石含黏性土、含砾亚砂土；底部：冲洪积砂砾石、砂砾石含黏性土
			下组		Qp^{3-1}	上部：湖积亚黏土、粉土质亚黏土；中部：冲洪积砂砾石、砾石、砂砾石含黏性土；下部：坡洪积，残坡积含砾亚砂土、碎石、砂砾石含黏性土及亚黏土含砾石
		中更新统	未分		Qp^2	冲洪积含砾亚砂土、含砾亚黏土，残坡积碎砾石
中生界	白垩系	下白垩统	馆头组		K_1gt	上部：流纹质含角砾晶屑玻屑熔结凝灰岩；下部：紫红色凝灰质砂岩、粉砂岩
			九里坪组		K_1j	紫红色流纹斑岩
			茶湾组		K_1c	凝灰质砂岩、粉砂岩、沉凝灰岩夹玻屑凝灰岩；玻屑凝灰岩夹凝灰质粉砂岩，产叶肢介、拟蜉蝣等化石
			西山头组	第四段	K_1x^4	上部：流纹质含角砾含浆屑含晶屑玻屑熔结凝灰岩；中部：含角砾含晶屑玻屑熔结凝灰岩；下部：含晶屑玻屑熔结凝灰岩；底部：凝灰质砂岩、粉砂岩，产化石，有瓣鳃类、腹足类和植物化石
				第三段	K_1x^3	英安质—流纹质晶屑玻屑熔结凝灰岩，底部为凝灰质粉砂岩
				第二段	K_1x^2	英安质晶屑玻屑熔结凝灰岩，含角砾玻屑熔结凝灰岩夹含砾砂岩；底部为粉砂岩
				第一段	K_1x^1	流纹质含晶屑玻屑熔结凝灰岩、含角砾含晶屑玻屑熔结凝灰岩夹透镜状玻屑凝灰岩、凝灰质粉砂岩；底部：一层不稳定的玻屑凝灰岩
			高坞组		K_1g	流纹质晶屑熔结凝灰岩或晶屑玻屑熔结凝灰岩
	前泥盆系		陈蔡群		AnDCH	片岩、片麻岩类、斜长角闪岩及角闪片岩等，夹杂浅粒岩、变粒岩、石英岩及大理岩等

续表 3-1

岩浆岩体				
	期	次	代号	岩性特征描述
侵入者	燕山晚期	第四次	$\gamma\pi_5^{3d}$	花岗斑岩
		第三次	γ_5^{3c}、$\xi\gamma_5^{3c}$	花岗岩、钾长花岗岩
		第二次	$\eta\pi_5^{3b}$、$\eta o\pi_5^{3b}$	二长斑岩、石英二长斑岩
		第一次	δo_5^{3a}	石英闪长岩
次火山岩	燕山晚期	第二次	$\xi\pi K_1^b$、$\xi\lambda K_1^b$	英安斑岩、英安流纹岩
		第一次	$\lambda\pi K_1^a$、λK_1^a、νK_1^a	流纹斑岩、流纹岩、霏细岩

数据来源：浙江地质调查大队(1991)、严伟和李景忠(2007)。

实习区朱家尖岛主要出露下白垩统西山头组、九里坪组、馆头组，在岛屿的西北部、中部、海蚀阶地以及沿海滩涂发育上更新统和全新统，在岛屿的南北端大青山、白山景区、太平岗等地分布大面积的钾长花岗岩，在中部发育东西向的中基性岩脉。实习区涉及如下几个组或段（图2-2，表3-1）。

西山头组（K_1x）：主要分布在舟山岛、金塘岛和朱家尖岛，在其他岛屿零星分布。该组是舟山地区的主要地层，占基岩面积的54%，累积厚度超过5251m。岩性为中酸性到酸性火山碎屑岩，局部夹火山沉积岩。岩性的分布受叉河、金塘、岑港、摘箬山以及普陀山等火山机构控制。朱家尖岛仅出露西山头组第四段，主要分布在中南部的庙根大山至高涂一带，位于普陀山火山机构的南侧，由一套酸性火山碎屑岩组成，出露厚度大于210m。岩性组合：上部为流纹质晶玻屑熔结凝灰岩；中部为深灰色玻屑熔结凝灰岩，含少量角砾；下部为凝灰质砂岩、粉砂岩，产瓣鳃类、腹足类及植物化石。

九里坪组（K_1j）：在朱家尖岛西部的西岙西和大王岩等地有零星分布。该组岩性单一，为一套酸性熔岩-流纹斑岩，野外常见自碎角砾，与下伏茶湾组、西山头组第四段呈火山喷发不整合接触。

馆头组（K_1g）：分布在朱家尖岛北部顺母一带，地层产状稳定，走向近东西向，倾向以南倾为主。根据岩性组合，馆头组可分上、下两部分：下部为灰紫色凝灰质含砾砂岩和紫红色凝灰质砂岩、粉砂岩；上部为流纹质含角砾含晶屑玻屑熔结凝灰岩，与下伏地层呈不整合接触。

第四系（Q）：朱家尖岛第四系覆盖面积与基岩出露面积相当。西海岸中部和北部除了顺母周边有小面积基岩出露，其余皆为第四系覆盖；东海岸和南部大青山除了狭窄的海滩被第四系沉积物覆盖，其余皆为基岩出露区。第四系以海积、冲海积亚黏土为主，有少量冲洪积砂砾石。

侵入岩（$\xi\gamma_5^{3c}$）：在朱家尖岛的南、北两端皆有岩浆侵入，在北部分布在沙里周边（白山到乌石塘），在南部分布以大青山主峰为中心（青沙南到喷水洞）。朱家尖岛的两处花岗岩体与普陀山花岗岩体有成因联系，岩体展布受断裂所控制，呈北北西向，处于我国东南沿海晶洞花岗岩带。岩体 Rb-Sr 等时线年龄为(107.4±2.7)Ma(浙江地质调查大队,1991)。

花岗岩以含晶洞构造和具显微文象结构为特征,主要矿物为钾长石(59%)、石英(37%)、斜长石(4%)。其中,钾长石呈卡氏双晶,斜长石呈聚片双晶,与石英结合呈文象结构。暗色矿物主要为黑云母,副矿物主要有磁铁矿、锆石、磷灰石(浙江地质调查大队,1991)。

第三节 地质演化

根据区域地质调查成果,朱家尖岛火山碎屑岩、侵入岩及岩脉均来自普陀山火山机构。火山机构北起梁横山,南至朱家尖岛,东起葫芦、白沙山岛,西到黄杨尖一带,呈北北西向椭圆形展布,总面积达 584km²(图 3-4)。普陀山火山机构中心位于普陀山到朱家尖岛北部大洞岙一线,侵入燕山晚期钾长花岗岩体,也是北北西向延伸,说明该火山机构受北北西向区域性大断裂控制。另外,在机构中心的西侧和南侧还有两个岩株,分别是舟山岛的大展岩体和朱家尖岛的大青山岩体。这两个岩体与普陀山岩体时代基本一致,都是燕山期第三期侵入体,被同一深大断裂控制。

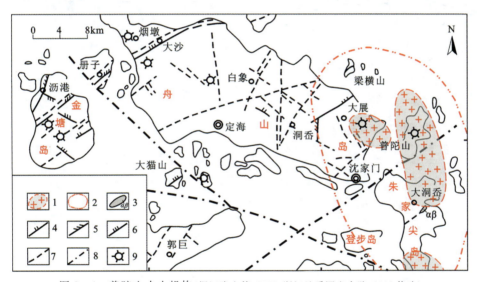

图 3-4 普陀山火山机构(据汪豫忠等,1995;浙江地质调查大队,1991 修改)
1.火山洼地;2.火山机构;3.安山玄武岩脉;4.张性断裂;5.压扭性断裂;6.压性断裂;7.性质不明断裂;
8.隐伏断裂;9.火山口

根据区域地质调查成果分析,普陀山火山机构演化大致可以分为 4 个阶段:第一阶段为数次的强烈喷发;第二阶段火山相对宁静并形成塌陷;第三阶段岩浆溢流并充填火山口;第四阶段是岩浆的又一次超浅成侵位(图 3-5)。

西山头组(第一阶段,图 3-5a):3 次强烈喷发形成的火山集块岩和角砾岩堆积在破火山口附近,并有间歇期,形成沉积层。火山碎屑岩和沉积层呈环状展布,产状外倾,形成火山锥。朱家尖岛中部分布第三期喷发的火山碎屑岩。

茶湾组(第二阶段,图 3-5b):火山相对宁静并形成塌陷,火山碎屑被风化剥蚀,西侧勾山—岙水一带为汇水盆地,形成茶湾组湖相沉积层,产状相对平缓。

九里坪组(第三阶段,图3-5c):火山复活,岩浆多次喷溢,形成熔岩流并充填火山口,在朱家尖岛西岙西侧和大王岩一带出露,流纹岩产状外倾。

岩体侵入(第四阶段,图3-5d):是岩浆的又一次超浅成侵位,形成浅成侵入岩——钾长花岗岩,堵塞该机构的主要通道,形成普陀山-大洞岙岩体以及大展和大青山分支岩体。由于岩浆侵位较浅,形成大量的晶洞,晶洞中见正长石、石英和黑云母等自形矿物。

火山机构形成以后,遭受了燕山晚期酸性岩浆的多次侵位。侵位的通道一般与深大断裂有关,也与火山机构的通道高度重合,因此很多火山机构受到严重的破坏。在喜马拉雅期,这套火山岩地层和岩体因喜马拉雅运动与海平面升降变化,而遭受风化剥蚀、破坏、海洋侵蚀、掩埋,因此有些界面是推测的(图3-5d虚线部分)。

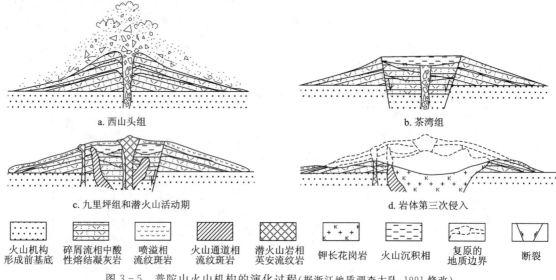

图3-5 普陀山火山机构的演化过程(据浙江地质调查大队,1991修改)

第四章　相关基础地质知识

区域地质调查(regional geological survey,也称区域地质测量,简称区调)是指在选定的区域范围内,运用现代地质科学理论和技术方法,在充分研究和运用已有资料的基础上,按规定的比例尺进行系统的区域地质调查、找矿和综合研究,以阐明区域岩石、地层、构造、地貌、水文、工程地质等的基本地质特征及其相互关系,研究矿产的形成条件和分布规律,为经济建设、国防建设、科学研究和进一步的地质找矿工作提供基础地质资料。因此,区域地质调查是为国民经济各部门、重要经济建设区、中心城市发展和国土规划等提供必要区域地质资料的基础性和公益性工作(李永军等,2014)。

海岸带地质调查主要是针对海岸带这一特定区域开展的基础地质、水文地质、工程地质、生态地质、防灾减灾以及矿产资源等方面的调查和研究工作,为国家经济社会发展和生态文明建设提供技术支撑与公益服务。无论是一般性的区域地质调查还是海岸带地质调查,最重要的内容是地质概念的理解和应用。因此,本书介绍海岸带地质调查所涉及的基本地质知识,包括地层、构造和岩浆岩3个方面。

第一节　地　层

地层是指具有一定的时间和空间含义的层状岩石的自然组合。地球表层的岩石是由岩浆岩、沉积岩和变质岩组成的,沉积岩和火山岩是在地表环境中形成的具成层构造的岩石,这些岩石有特定的形成时间,称为该时代的地层。侵入岩虽然也是特定时间形成的,大部分不是层状的,而且大部分侵入岩与上述的地层也不在同一时代,因此不属于地层范畴。变质岩比较复杂,由沉积岩和火山岩变质的部分属于地层,由侵入岩变质的不属于地层。

一、年代地层单位

地层是有时代属性的,是恢复地质历史的重要载体。地质学中的时代概念包括相对地质年代和绝对年龄两个方面。相对地质年代是指岩层及其所反映时间的相对新老关系。例如白垩纪、侏罗纪等,白垩纪比侏罗纪新,这就有了相对时间的概念。在特定的地质时间段,相对地层年代表记录了地球在演化过程中揭示海陆变迁的构造演化阶段,也反映生物进化的生物演化阶段。中国的演化与全球的演化既有共性,也有个性,因此地质年代表是包括中国在内地球演化的时间表。为了便于全国甚至全球对比,建立了相应的中国地质年代表(附录1)和全球地质年代表(附录2)。岩层相对年代可以通过岩层层序反映的新老关系及岩层中所含的化石等方法加以确定。但白垩纪距今多少年？石炭纪距今又是多少年？它们持续了多少年？这些问题需要通过绝对年龄加以解决。目前，用得最多的是同位素年龄，即通过同位素的衰变量计算衰变时间，再回推一下就得到样品所在地层的年龄，这个年龄也标注在地质年代表中，如早白垩世的同位素年龄是145.0～100.5Ma。

年代地层单位是指相应的地质年代时间内所形成的地层。所以，每一个地质年代单位都有相应的年代地层单位，对照如下。

地质年代单位——年代地层单位

宙(Eon)——宇(Eonothem)
　代(Era)——界(Erothem)
　　纪(Period)——系(System)
　　　世(Epoch)——统(Series)
　　　　期(Age)——阶(Stage)
　　　　　时(Chron)——时带(Chronozone)

二、岩石地层单位

岩石地层单位是依据岩性、岩相特征，把地壳的岩层层序系统地划分为能反映出岩性特征和变化的单位。岩石地层单位是相对局部性的单位，适用于特定的区域。岩石地层单位分为4级。

(1)群(Group)：由明显一致的相同岩性或成因相同的两个或两个以上的岩性组构成地质体，称为群。群与群之间有明显的沉积间断或不整合。群是非常灵活的单位，是无法明确建"组"的单位，为很厚的、组分不同的岩层。

(2)组(Formation)：是最基本的岩石地层单位，组是一种岩性或成因一致的一组岩性组成的地质体，一般厚度不是很大，岩性比较简单。

(3)段(Member)：一种岩性或一类岩性明显区别于同组的其他岩性的地质体可以命名为段，段是组的一部分，但组不一定都要分为段，有时是简单地几等分，或者有特定标志的地层单位。

(4)层(Bed)：是一种岩性明显与其他岩性不同的地质，是岩石地层的最小单位。

根据国际地层委员会的约定，凡是要建立新的地层名称时，一定要有标准地点的实测剖面，该实测剖面被称为"层型剖面"。

三、生物地层单位

生物地层单位是根据化石及其分布而命名的地层单位。一个生物地层单位必定有特有的化石或化石组合，并与上、下地层所含化石有显著区别。

化石带(fossil zone)是常用的生物地层单位。一个化石带包括一个或几个标准化石种属生存期间所形成的地层，由典型化石种属名字命名。

生物地层单位是以所含化石或古生物特征的一致性作为依据而划分的地层单位，可以划分为5级。

生物地层超带(superzone)
　　生物地层带(zone)
　　　生物地层亚带(subzone)
　　　　小带(zonule)
　　　　　哑段(barren intervals)。

其中,生物地层带最常用,简称生物带(biozone)。生物带是指具有共同化石种属和化石分布特征的地层体。根据不同的化石特征和组合面貌可以建立不同的生物带。

生物地层带进一步划分为不同的类型,包括延限带(range zone)、组合带(assemblage zone)、富集带(顶峰带)(abundance zone)、谱系带(lineage zone)、间隔带(interval zone)。最常用的是组合带和延限带。

组合带是3个以上生物分类单位构成一个独特组合或共生的地层体,可反映该岩层生物的客观、自然总貌。

延限带是指在地层序列的化石组合中,经过筛选的任何一个或几个化石分子的已知延限所代表的那段地层体。

四、其他地层单位

在区域地质调查中,特别强调多重地层划分,这样可通过相互印证确保地层年代的准确性。除了年代地层单位、岩石地层单位、生物地层单位3个最基本的地层划分方案之外,还有磁性地层极性单位、地震层序地层单位、层序地层单位、测井地层单位、事件地层单位、定量地层单位、化学地层单位、构造地层单位等地层划分方案。这些地层单位划分主要依赖于特定的技术手段或者理论方法开展,请参阅地层学的相关文献(全国地层委员会,1981;张守信,1986;李博文,1990)。

第二节　构　造

地质构造是指组成地壳的岩层和岩体在内、外动力地质作用下发生的变形,从而形成诸如褶皱、节理、断层、劈理以及其他各种面状和线状构造等(徐开礼和朱志澄,1989)。岩层和岩体在内动力地质作用下产生的构造是次生构造;沉积岩在沉积、成岩作用和岩浆岩在岩浆侵位、结晶过程中形成的构造是原生构造。岩石学的研究对象是原生构造,构造地质学重点研究次生构造,但可以提供次生构造形成的地质环境资料。

下面从岩层的产状入手,简要介绍褶皱、断层、节理等最基本的构造概念和构造类型,更多的构造知识请参阅构造地质学的相关理论。

一、岩层的产状

原始的岩层一般情况下是水平的,在地壳运动过程中发生了构造变形,最简单的变形就是岩层倾斜。描述岩层空间形态首先要确定岩层面在三维空间的延伸方位及其倾斜程度,构造地质学是用岩层面的走向、倾向和倾角3个要素表示(图4-1)。

走向(strike):岩层面与水平面相交的线叫走向线,走向线两端所指的方向为岩层的走向。

倾向(dip direction):层面上与走向线相垂直并沿斜面向下所引的直线叫倾斜线,倾斜线在水平面上的投影方向,就是岩层倾向。

倾角(dip angle):岩层的倾斜线及其在水平面上的投影线之间的夹角。

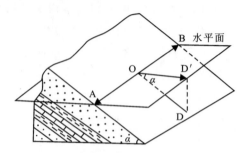

图 4-1 岩层产状要素(据徐开礼和朱志澄,1989)
AOB. 走向线;OD. 倾斜线;OD′. 倾斜线的水平投影,箭头方向为倾向;α. 倾角

二、褶皱

褶皱(fold)是岩石受力发生的弯曲变形,原来近于平直的面变成了曲面。形成褶皱的变形面包括沉积岩的层理面,变质岩的劈理、片理或片麻理,岩浆岩的原生流面,构造方面的节理面、断层面、地层的不整合面等。

褶皱最基本的类型是背斜和向斜(图 4-2):①背斜(anticline),岩层向上弯曲,核心部位的岩层时代较老,两侧岩层较新;②向斜(syncline),岩层向下弯曲,核心部位的岩层时代较新,两侧岩层较老。

经过风化剥蚀所形成的夷平面上,从中心向两侧,背斜逐渐变新,向斜逐渐变老。如果岩层没有新老关系或者变形面不是地层面,向上弯曲的称为背形(antiform),向下弯曲的称为向形(synform)。

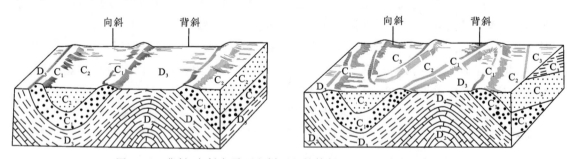

图 4-2 背斜、向斜在平面和剖面上的特征(据徐开礼和朱志澄,1989)

三、断层

断层(fault)是岩层或岩体顺破裂面发生明显位移的构造。断层是一种面状构造,破裂面

称为断层面。如果断层面是倾斜的,位于断层面上侧的一盘为上盘,位于断层面下侧的一盘为下盘。

根据断层两盘的相对运动,可将断层分为正断层、逆断层和走滑断层(图4-3)。

正断层(normal fault):正断层的上盘沿断层面相对向下滑动,下盘则相对向上滑动。

逆断层(reverse fault):逆断层的上盘沿断层面相对向上滑动,下盘则相对向下滑动。

平移断层(strike slip fault):平移断层的两盘顺断层面走向相对移动。规模巨大的平移断层通常称为走向滑动断层,简称走滑断层。

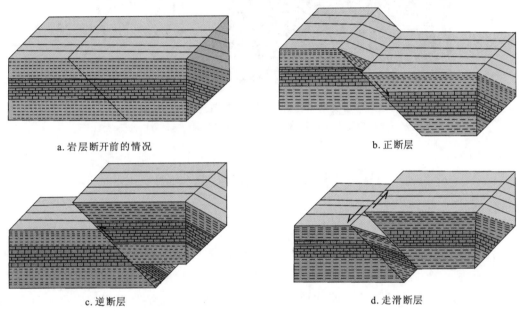

图4-3 不同类型断层

四、节理

节理(joint)是岩石中的裂隙,是没有明显位移的断裂(徐开礼和朱志澄,1989)。节理是相对小型的构造,往往是褶皱或断层相伴生构造。根据力学性质,可将节理分为剪节理和张节理。

剪节理(shear joint):是由剪应力作用产生的破裂面。剪节理的特点是节理面平直稳定,延伸远,节理面上有擦痕,节理面直接切穿砂砾质颗粒,往往形成"X"型的共轭节理(图2-19,图2-20)。

张节理(tensional joint):是由张应力作用产生的破裂面。张节理的特点是节理面短而曲折,延伸不远,节理面粗糙不平,无擦痕,绕过砂砾等颗粒,常常由矿物充填成较宽的脉。张节理也有"X"型的共轭现象,有时发育不完整,呈火炬状(图4-4)。

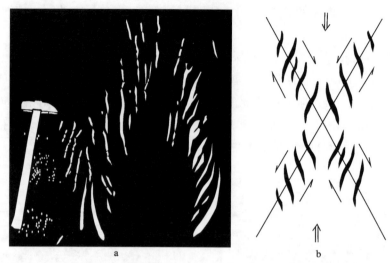

图 4-4 北京周口店奥陶系白云岩中的共轭节理(据徐开礼和朱志澄,1989)
a.两组雁行排列的张节理组成火炬状节理;b.共轭节理的运动方向及受力情况

第三节 岩浆岩

一、岩浆岩的分类

由岩浆冷凝固结而成的岩石,称为岩浆岩(magmatic rock),岩浆岩是失去了大量挥发分的岩浆冷凝物。岩浆岩分为侵入岩和喷出岩两大类。

侵入岩(intrusive rock):为岩浆在地下不同深度的地方冷凝结晶而成的岩石。由于冷凝较缓慢,所以岩石中的矿物结晶较好,颗粒较大。侵入岩包括深成岩和浅成岩两类。

喷出岩(extrusive rock):又称火山岩(igneous rock),包括熔岩(由火山喷溢的岩浆冷凝而成的岩石)和火山碎屑岩(火山碎屑堆积而成的岩石)。由于喷出岩是岩浆在地表冷凝而成的,温度降低很快,所以岩石结晶细小,有的甚至没有结晶,成为玻璃质岩石。

岩浆岩一般是根据化学成分、矿物成分、结构构造及产状等方面进行分类。

1. 化学成分

根据 SiO_2 的含量可分为四大类:超基性岩类[$w(SiO_2)<45\%$]、基性岩类[$w(SiO_2)=45\%\sim53\%$]、中性岩类[$w(SiO_2)=53\%\sim66\%$]和酸性岩类[$w(SiO_2)>66\%$]。每一类又根据碱度(即 K_2O+Na_2O 的含量)进一步分为两大系列,即钙碱性系列和碱性系列。化学成分分类法对火山岩更显重要。因为大部分火山岩呈微晶、隐晶及玻璃质结构,在标本和薄片中难以测定其全部矿物组成,准确的分类定名需根据化学成分分析进行。化学分类方法也较多,目前常用的是国际地质科学联合会(IUGS)推荐的全碱-硅(TAS)分类方案(图 4-5)。侵入岩也可以使用 TAS 分类图,与火山岩 TAS 图的对应关系如表 4-1 所示。

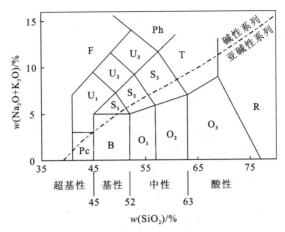

图 4-5 火山岩的全碱-硅(TAS)分类图解(据邱家骧和林景千,1991;Middlemost,1994)
注:代码见表 4-1;虚线为 Irvine 分界线,上方为碱性系列,下方为亚碱性系列(钙碱性系列)。

表 4-1 侵入岩与火山岩的对照关系(据邱家骧,1985;邱家骧和林景千,1991;Middlemost,1994)

代码	火山岩	侵入岩	代码	火山岩	侵入岩
Pc	苦橄玄武岩	苦橄辉长岩	S_3	粗面安山岩	二长岩
U_1	碱玄岩、碧玄岩	似长辉长岩	T	粗面岩	正长岩
U_2	响岩质碱玄岩	似长二长闪长岩		粗面英安岩	石英二长岩
U_3	碱玄质响岩	似长二长正长岩	B	玄武岩	(亚)碱性辉长岩
Ph	响岩	似长正长岩	O_1	玄武安山岩	辉长闪长岩
F	似长石岩	似长深成岩	O_2	安山岩	闪长岩
S_1	粗面玄武岩	二长辉长岩	O_3	英安岩	花岗闪长岩
S_2	玄武质粗面安山岩	二长闪长岩	R	流纹岩	花岗岩

注:U 为 SiO_2 不饱和;S 为 SiO_2 饱和;O 为 SiO_2 过饱和;其余每个区的岩石可以与一个系列以上的岩石伴生。

2. 矿物成分

岩浆岩主要依据石英、长石、暗色矿物种类及含量来划分。超基性岩类不含石英,基本上不含长石,富含大量暗色矿物;酸性岩类富含石英,贫暗色矿物;基性岩及中性岩类通过长石和暗色矿物来区别。钙碱性系列不含似长石,斜长石富含 CaO;碱性系列以碱性暗色矿物为特征。

矿物成分分类一般采用 1972 年 IUGS 岩石圈委员会火成岩分会推荐的深成岩分类命名方案 QAPF 双三角分类图(图 4-6)进行岩石的分类命名。1979 年火成岩分会又将其用于火山熔岩分类命名方案。火山熔岩与深成岩的对照关系见表 4-2。该分类图首先根据 M(铁镁矿物含量)分成两类:一类为 M=90~100 的超镁铁质岩,在图 4-6 中的 16 区;二类为 M<90 的其余岩石,可按该双三角图进行划分。

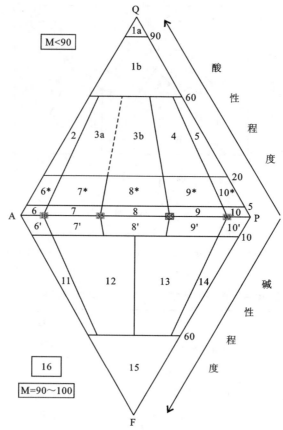

图 4-6 岩浆岩的定量矿物成分分类（据邱家骧，1991 修改）
Q.石英；A.碱性长石；P.斜长石；F.似长石类；编号对应岩石类型见表 4-2

表 4-2　火山熔岩与深成岩的对照关系（据邱家骧，1991；曾广策和邱家骧，1996）

编号	深成岩	火山熔岩	编号	深成岩	火山熔岩
1a	石英质岩	富石英流纹岩	8	二长岩	粗安岩、安粗岩
1b	富石英花岗岩		9	二长闪长岩、二长辉长岩	橄榄粗安岩、钾玄岩、夏威夷岩、钾质粗面玄武岩
2	碱长花岗岩	碱长流纹岩	10	闪长岩、辉长岩、斜长石岩	安山岩、玄武岩、斜长岩
3a	钾长花岗岩	钾长流纹岩	6'	含似长碱长正长岩	含似长碱长粗面岩
3b	二长花岗岩	二长流纹岩	7'	含似长正长岩	含似长粗面岩
4	花岗闪长岩	流纹英安岩	8'	含似长二长岩	含似长粗面安山岩
5	英云闪长岩、斜长花岗岩	英安岩、斜长流纹岩	9'	含似长二长闪长岩、含似长二长辉长岩	含似长粗面玄武岩

续表 4-2

编号	深成岩	火山熔岩	编号	深成岩	火山熔岩
6*	石英碱长正长岩	石英碱长粗面岩	10′	含似长辉长岩、斜长岩	碱性玄武岩
7*	石英正长岩	石英粗面岩	11	似长正长岩	响岩
8*	石英二长岩	石英安粗岩	12	似长二长正长岩	碱玄质响岩
9*	石英二长闪长岩、石英二长辉长岩	玄武安山岩、安山玄武岩	13	似长二长闪长岩、似长二长辉长岩	响岩质碱玄岩、响岩质碧玄岩
10*	石英闪长岩、石英辉长岩、石英斜长岩	石英安山岩、石英拉斑玄武岩、石英斜长岩	14	似长闪长岩、似长辉长岩	碱玄岩、白榴碱玄岩
6	碱长正长岩	碱长粗面岩	15	似长石岩	霞岩、白榴岩、黄长岩
7	正长岩	粗面岩	16	超镁铁质岩	苦橄岩、玻基辉石岩

图 4-6 中 4 个端点表示 4 类浅色矿物成分：Q 为石英，A 为碱性长石，P 为斜长石，F 为似长石类。

Q 与 F 不能共生，位于双三角图的两个顶端。向上酸度增加，向下碱度增强。

进行具体岩石分类时，先统计各种矿物的体积百分比，然后归类，并使 A、P、Q 的统计为 100% 或 A、P、F 为 100%，再分别求出 A、P、Q 或 F 的百分比，计算两种长石的比率 P/(P+A)。就可在三角图中投点，投影点所在区即为其岩石类型。

分类图将所有岩石分为 15 个区，即 15 个岩石大类，每个区对应于一种岩石大类的基本名称，第 16 类不在其中，为超镁铁质岩。

3. 产状和结构构造

根据形成深度，可把每大类岩浆岩分为侵入岩和喷出岩。侵入岩又细分为深成岩和浅成岩，喷出岩分为熔岩和火山碎屑岩两类。

1）侵入岩

(1) 侵入岩的产状：按照侵入岩体与围岩的接触关系，侵入岩可划分为整合（comformity）和不整合（uncomformity）两大类型。整合侵入体是岩浆以其机械力沿围岩的层理或片理等空隙贯入而成的，侵入体的接触面基本上平行于围岩的层理或片理，因此它与围岩的产状是整合的。根据侵入岩的形态，可分为岩床、岩盆、岩盖、岩脊或岩鞍等类型。不整合侵入体与围岩的层理或片理斜交，是岩浆沿着斜交层理或片理的裂隙、断裂贯入而成的，但也有以岩浆熔融交代作用方式形成的不整合侵入体，常见岩墙、岩脉、岩株、岩基等类型。

(2) 侵入岩的岩相：根据深度可以划分为深成相（plutonic facies）、中深成相（meso-plutonic facies）和浅成相（hypabyssal facies）。一般来说，深成相深度大于 10km，主要是花岗岩类的大型岩基，岩体规模大，相带不明显；中深成相深度为 3～10km，多为较大的不整合侵入体，如岩株、岩基，也可呈岩盖、岩盆或大型岩墙出现，岩体富析离体和捕房体，流动构造较发育,岩相带明显;浅成相深度为 0.5～3km,以岩床、岩墙、岩盖等小型侵入体为主,岩体机械贯入作用强,流动构造发育,冷凝边宽。

2)喷出岩

(1)喷出岩的产状:与岩浆喷出地表的方式有关,包括熔透式喷发、裂隙式喷发、中心式喷发等喷发类型。熔透式喷发呈面状喷发,覆盖面积可达几十平方米甚至几百平方米;裂隙式喷发沿深大断裂喷发,呈线状喷发,在地面呈线状排列,深处相连呈岩墙状,熔浆以溢流方式产出,形成熔岩被;中心式喷发沿颈状管道喷出地表,地表上呈点状喷发,常伴有强烈的喷发作用,喷发的大量火山碎屑物质与溢出的熔岩容易形成锥状体,岩体形态包括火山锥、熔岩流和熔岩穹。

(2)喷出岩的岩相:由于舟山地区在白垩纪火山作用强烈,发育大量的火山机构,其岩相在下文专门介绍此处不再赘述。

综上所述,岩浆岩的分类需要依据化学成分、矿物成分以及产状、结构构造等因素的全面分析,综合确定其岩石类型(表 4-3)。最主要的岩浆岩类型可以归纳成以下五大类及其典型的侵入岩和喷出岩(乐昌硕,1984)。

(1)超基性岩类:橄榄岩-苦橄岩类。

(2)基性岩类:辉长岩-玄武岩类。

(3)中性岩类:按所含长石细分为两类,即闪长岩-安山岩类(以斜长石为主)、正长岩-粗面岩类(以钾长石为主)。

(4)酸性岩类:花岗岩-流纹岩类。

(5)碱性岩类:霞石正长岩-响岩类。

另外,还有两类与岩浆岩密切相关,即脉岩类和火山碎屑岩类。

二、火山岩(喷出岩)

火山岩是炽热岩浆通过火山喷发至地表(或接近地表)迅速冷却而形成的岩石。火山岩中矿物的结晶温度明显高于侵入岩(深成岩),前者为高温矿物,如出现透长石、褐色角闪石、火山玻璃等,后者属低温矿物(李石和王彤,1981)。高温矿物不稳定,会逐渐向稳定矿物转化,如脱玻化作用形成霏细岩。火山岩矿物的生成除受高温条件控制外,还受淬火(骤冷)、低压、脱气、氧化等条件影响。这导致与侵入岩(深成岩)相比,火山岩矿物的种类以及物理性质和化学成分都有所变化。例如富含挥发分的白云母、电气石等矿物一般不在火山岩中出现。

火山岩相是指火山作用在一定自然地理条件和一定热力条件(反映在地质体构造特点上)下形成的一种岩石或地质体(图 4-7,表 4-4)。火山岩在地表、地壳和火山输导通道的地质环境相差很大,划分为 3 个相组。每个相组再根据地理条件或热力条件细分为 8 个火山岩相(李石和王彤,1981)。

(1)喷发相组:喷出地表,形成溢流相、爆发相、侵出相和喷发沉积相。

(2)次火山岩相组:在地壳(地下)活动,形成火山岩脉相和次火山岩相。

(3)火山管道相组:充填火山输导通道,形成火山口相和火山颈相。

表4-3 岩浆岩分类表及其特征（据孙鼐等，1985）

特征		超基性岩类	基性岩类		中性岩类				酸性岩类		碱性岩类		
		橄榄岩-科马提岩	辉长岩-玄武岩类		闪长岩-安山岩类	二长岩-粗面安山岩类	正长岩-粗面岩类		花岗岩-流纹岩类		霞石正长岩-响岩类	霞斜岩-碧玄岩类	霓霞岩-霞霞岩类
			钙碱性	弱碱性			钙碱性	弱碱性	钙碱性	弱碱性	中性	基性	超基性
SiO₂/%		<45	45~52		52~65	<20	52~65		>65		52~65	45~52	<45
石英/%		无	<5	无	<20		无		>20		无	无	
长石		不含或含少量基性斜长石	基性斜长石及少碱性长石		以中性斜长石为主，含少量碱性长石	中性斜长石与碱性长石含量大致相等	以碱性长石为主，含少量斜长石	碱性长石，不含斜长石	碱性长石及酸性斜长石	碱性长石，不含斜长石	碱性长石	基性斜长石	几乎不含长石
似长石/%		无	无		无		无		无		10~50		>50
铁镁矿物		橄榄石、辉石、角闪石	以辉石为主，橄榄石、角闪石次之	碱性铁镁矿物等色岩	以角闪石为主，辉石、黑云母次之		以碱性铁镁矿物为主，富铁黑云母次之		以黑云母为主及角闪石次之	以碱性角闪石及富铁黑云母为主，碱性辉石次之			碱性铁镁矿物
色率		>75	35~75		20~35		<10		<15		<35	35~75	0~90或以上
侵入岩	深成岩 全晶质等粒或似斑状结构	纯橄榄岩、橄榄岩、辉石岩、角闪石岩	辉长岩、苏长岩、斜长岩（中、基性斜长石85%~90%）	碱性辉长岩	闪长岩	二长岩	正长岩	碱性正长岩	花岗岩	碱性花岗岩	霞石正长岩	霞斜岩	霓霞岩、碳霞岩
	浅成岩 全晶质细粒等粒状结构	金伯利岩	微晶辉长岩、辉绿岩	碱性辉绿岩	石英闪长岩	石英二长岩	石英正长岩	碱性粗面岩	微晶花岗岩、花岗闪长岩	霓石细晶岩	微晶霞石、正长岩		
	斑状结构		辉绿岩	碱性辉绿岩	微晶闪长岩	微晶二长岩	微晶正长岩		微晶花岗岩				
					闪长玢岩	二长斑岩	正长斑岩	碱性粗面岩	花岗斑岩、石英斑岩		霞石正长斑岩		
喷出岩 斑状、隐晶质或玻璃质结构		科马提岩、麦美奇岩	玄武岩	碱性玄武岩	安山岩、英安岩	粗面安山岩、石英粗面安山岩	粗面岩、石英粗面岩	碱性粗面岩	流纹岩	碱性流纹岩	响岩	碧玄岩、碱玄岩	霞石岩、白榴岩

注：玻璃质岩石、火山碎屑岩和脉岩未列入。

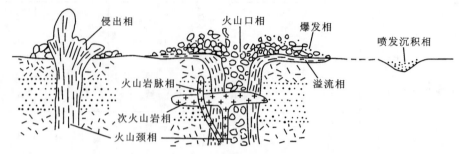

图 4-7 火山岩相示意图（据李石和王彤,1981）

表 4-4 火山岩相（据李石和王彤,1981）

相组	相	岩性	产状和形态	备注
火山通道相组	火山口相	粗大的火山碎屑岩或熔岩堆积	单顶、扩顶、锅底形火山口；圆形、拉长形、裂隙形、变异形火山口	火山机构保留
	火山颈相	粗大的火山碎屑岩或熔岩充填	单一岩颈、复合岩颈；喇叭形和筒状岩颈；早期残余岩颈可呈环状或半环状	火山机构已被破坏
次火山相组	火山岩脉相	以斑状全晶质为主	环状、锥状、放射状岩脉；平行岩脉；复合岩脉；重叠岩脉	沿火山机构附近的张性裂隙贯入
	次火山岩相	以斑状全晶质为主	岩床、岩盖、岩盆、岩株、岩盘、畸形岩体	多半位于火山杂岩体的内部或下部
喷发相组	溢流相	以基性熔岩为主,火山碎屑物极少	岩被、岩流；绳状、波状、枕状岩流；复合岩流	熔浆缓慢喷出地表
	爆发相	以中性、酸性及碱性火山碎屑岩为主	坠落火山碎屑堆积、炽热气石堆积、碎屑岩流（岩渣流、乳石流、火山灰流等）堆积	火山爆发产物
	侵出相	以中性、酸性及碱性熔岩为主	岩塔（岩塞）、岩钟、岩穹	熔浆靠机械力挤出地表的产物
	喷发沉积相	火山碎屑物和正常沉积物	火山斜坡堆积、火山凹地堆积、间歇水流堆积、冰川堆积、泥石流堆积、水盆地堆积；层状、似层状、透镜状	在火山作用过程中叠加沉积作用而形成

　　火山碎屑岩是指由火山作用所形成的各种火山碎屑物质经堆积、胶结、压紧或熔结而形成的岩石（乐昌硕,1984）。火山碎屑岩包含 3 种情况：①火山碎屑物散落在火山口附近形成原地堆积；②火山灰可经气流或水流搬运至离火山口较远的地方堆积成岩；③有些火山碎屑物是浅表层火山隐爆作用形成的。

典型火山碎屑岩的火山碎屑物一般占90%以上。而广义的火山碎屑岩还包括向喷出岩和沉积岩过渡的火山碎屑岩。所以，火山碎屑岩既有岩浆岩的特征，也有沉积岩的特征，具有双重属性。

火山碎屑岩的分类主要考虑火山碎屑岩的成因、成分、结构构造等因素（表4-5），火山碎屑岩的分类方案主要根据两条原则。

(1)依据火山碎屑岩的成因划分(判别依据是成分和成岩方式)：将火山碎屑岩划分为正常火山碎屑岩类、火山碎屑熔岩类(向喷出岩过渡)和火山碎屑沉积岩类(向沉积岩过渡)3种类型，正常火山碎屑岩根据是否熔结再细分为两个亚类。

(2)依据不同粒度表现不同结构特征：将火山碎屑岩进一步划分为集块类、火山角砾类和凝灰类，分别对应集块结构、火山角砾结构和凝灰结构。

因此，根据成因与粒度结构的组合可将火山碎屑岩划分为12个大类（表4-5），有些过渡类型可以进一步细分。

表4-5 火山碎屑岩分类简表（据乐昌硕，1984）

类别	亚类	火山碎屑熔岩类（向喷出岩过渡）	正常火山碎屑岩类		火山碎屑沉积岩类（向沉积岩过渡）
			熔结火山碎屑岩	普通火山碎屑岩	
组成及含量		火山碎屑物占少数	火山碎屑物占多数	火山碎屑物占多数	火山碎屑物占少数
成岩方式		熔岩胶结	压紧熔结	以压紧为主，部分为火山灰分解物胶结	黏土质及化学沉积物胶结
粒度和结构特征	>64mm（集块结构）	集块熔岩	熔结集块岩	集块岩	凝灰质巨砾岩或凝灰质巨角砾岩
	2～64mm（火山角砾结构）	角砾熔岩	熔结火山角砾岩	火山角砾岩	凝灰质砾岩或凝灰质角砾岩
	<2mm（凝灰结构）	凝灰熔岩	熔结凝灰岩	凝灰岩	凝灰质｛砂岩 粉砂岩 泥岩 碳酸盐岩｝

第三部分

地质调查工作方法

第五章　野外调查工作方法

在野外工作中,在确保生命财产安全的条件下,要有序地开展海岸带地质调查。野外工作不同于室内,受自然条件和社会条件的限制,包括雷雨烈日等天气条件、悬崖浪涌等地理条件、蚊虫毒蛇等野生条件、泥石流和风暴等灾害地质条件、过往车辆和农作物等社会条件。因此,野外工作需要眼观六路、耳听八方,在确保安全的情况下再开展工作。

野外工作包括选点、观察、记录、数据采集和采样等工作,具体要求如下。

(1)观察点的选择要有明确的目标,在野外要依靠地质地形图,需要学会读图。

(2)观察的时候针对观察对象分析有意义的内容。地层岩石与现代过程在海岸带地质调查都要兼顾,同时借助一些简易的设备开展工作,如传统的罗盘、地质锤、放大镜。

(3)记录需要按照规定的格式,按照点、线、面的顺序逐步开展野外调查。在野外记录簿上把路线和点位的完整内容记录下来。另外,野外记录簿是保密资料,要妥善保管。

(4)数据采集是野外工作的重点,用卷尺和测绳测量地层及层理厚度,用罗盘测量岩层产状,用GPS或北斗导航标定观察点位置,用数码相机记录影像资料,利用仪器可以在野外原位系统采集岩石或土壤成分等数据。

(5)重要的层位或观察点需要系统采样,以便进行室内的岩矿鉴定、化学成分分析、同位素年龄与示踪、生物种属鉴定、粒度分析等一系列研究工作。因此,采样时要明确采样的目的,根据所分析项目的要求进行系统采样。

(6)在收队以后,需要整理当天的记录,记录的所有数据需要上墨,以防丢失重要数据,同时需要及时总结野外知识内容。

第一节　罗盘的使用方法

地质罗盘又称"袖珍经纬仪",是野外地质工作不可缺少的工具。地质罗盘(简称罗盘)主要包括磁针、水平仪和倾斜仪,结构上可分为底盘、外壳和上盖,主要仪器均固定在底盘上,三者用合页联接成整体。罗盘可用于识别方向、确定位置、测量地质体产状及草测地形图等,是野外地质调查的必备工具,也是地质类实习的重要工具(王家生等,2011)。

一、罗盘的用途

罗盘的用途概括起来有3个方面:①测量产状,包括走向、倾向、倾角;②地形草测,包括定方位(即交会定点)、测坡角、定水平;③测垂直角。

二、测量原理

罗盘的测量原理是利用磁性物质的指北功能和重力原理分别测量方向与坡度。

1. 测量方位角

(1) 利用一个磁性物体(即磁针)具有指明磁子午线的一定方向的特性配合刻度环的读数,可以确定目标相对于磁子午线的方向。

(2) 根据两个选定的测点(或已知的测点),可以测出另一个未知目标的位置。

2. 测量坡度

(1) 利用长水准仪的水平功能确定罗盘的倾斜角度来测量坡度。

(2) 利用重力指向地心的功能来测量坡度。

三、罗盘的类型和结构

1. 罗盘的类型

罗盘有很多样式,但归纳起来有两种是比较典型的:一种是哈尔滨制造的八角罗盘(图5-1a);另一种是美式罗盘(图5-1b)。两者的最大区别是测坡角的方式不同。前者是用带水准器的指针来测量坡度,后者是用重力指针来测量坡度。当然还有其他区别,如前者的瞄准器更完善,后者增加了比例尺功能等。

2. 罗盘的结构

以八角罗盘为例(图5-1a),罗盘由上盖(2)与基座(9)通过联接合页(4)构成仪器主体。上盖内装有反光镜(3),可使目标映入镜中。基座(9)的外部装有长照准器(10),配合小照准器(1),可瞄准目标。基座(9)内装有水平刻度盘(11)和磁针(8),可以直接读出目标的方位,圆水准器(13)可以指示仪器的水平位置。长水准器(12)和指示盘(6)供测量坡角用,可以在垂直度盘(7)的倾角刻度上直接读数。磁针制动器(5)为磁针制动机构,在基座的侧面备有磁偏角调整轴。

四、使用方法

1. 磁偏角校正

因为地磁的南、北两极与地理上的南、北两极位置不完全相符,即磁子午线与地理子午线不重合,地球上任一点的磁北方向与该点的正北方向不一致,这两个方向间的夹角叫磁偏角。地球上某点磁针北端偏于正北方向的东边叫东偏,记录为(+);偏于西边称西偏,记录为(-)。舟山的磁偏角是-6°06′。

地球上各地的磁偏角都按期计算、公布以备查用。在磁偏角校正时,旋动罗盘的刻度螺

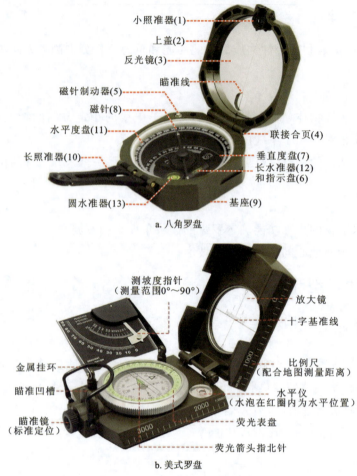

a. 八角罗盘

b. 美式罗盘

图 5-1 罗盘的类型和结构

旋,使水平刻度盘左右转动,磁偏角东偏则向右转,西偏则向左转,使罗盘底盘南北刻度线与水平刻度盘 0°～180°连线间夹角等于磁偏角(图 5-2)。舟山地区磁偏角是西偏,需要向左旋转 6°06′,经校正后,测量的读数就是真方位角。

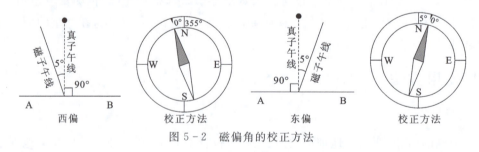

图 5-2 磁偏角的校正方法

2. 测产状

1) 测走向

岩层的走向是指岩层在水平上投影的方向。

将罗盘上盖打开到极限位置,用开关放松磁针,调好本地区的磁偏角,将仪器两个长边靠在岩层的特征面(具有代表性的面),保持圆水准器的水泡居中,读磁针北极或南极所指示的度数即为岩层的走向。

2)测倾向

岩层的倾向是指垂直于走向所指示面的下倾方向。根据所测特征面所处的上、下界面,读取方法也不同。

测上界面:用联接合页下边的底盘的短边靠稳岩层的特征面,保持圆水准器的水泡居中,读磁针北极所指示的度数即为岩层的倾向。

测下界面:用上盖的背面靠稳岩层的特征面,保持圆水准器的水泡居中,读磁针南极所指示的度数即为岩层的倾向。

3)测倾角

岩层的倾角是指垂直于走向水平面夹角的角度。

测量方法:先用磁针制动器将磁针锁住,上盖打开到极限位置,仪器的侧边垂直于走向而贴紧岩层的特征面,调长水准器水泡居中,读指示器所指方向盘的度数即为岩层的倾角。

在实际测量中,走向和倾向两个因素只需测其中一个就可以,因为走向和倾向是互为 $90°$ 的关系。

3. 地形草测

1)定方位

定方位是用于确定目标所处的方向和位置,也叫交会定点。

(1)目标在视线(水平线)上方时的测量方法:右手握紧仪器,上盖背面向着观察者,手臂贴紧身体,以减少抖动;打开磁针,左手调整长照准器和反光镜,转动身体,使目标、长照准器尖的像同时映入反光镜,并为反光镜瞄准线所平分;保持圆水准器水泡居中,读磁针北极所指示的度数即为该目标所处的方向。按照同样的方法,在另一测点对该目标进行测量,这样两个测点对同一目标进行测量,得出沿两线测出的度数,相交于目标就得出目标的位置。

(2)当目标在视线(水平线)下方时的测量方法:右手紧握仪器、反光镜在观察者的对面,手臂同样贴紧身体,以减少抖动;打开磁针,左手调正长照准器和上盖,转动身体使目标、照准器尖同时映入反光镜的椭圆孔中,并为反光镜瞄准线所平分;保持圆水准器水泡居中,读磁针北极所指示的度数即为该目标所处的方向。按照同样的方法,在另一测点对该目标进行测量。这样从两个测点对该目标进行测量,得出沿两线测出的度数,相交于目标就得出目标的位置。

2)测坡角

坡角是目标到观察者与水平面的夹角。

先将磁针锁住,右手握住仪器外壳和底盘;长照准器在观察者的一方,将仪器平面垂直于水平面,长水泡居下方;左手调整上盖和长照准器,使目标、长照准器尖的孔同时为反光镜椭圆孔瞄准线所平分;然后右手中指调整手把,从反光镜中观察长水准器水泡居中,此时指示盘在方向盘上所指示的度数即为该目标的坡角。

如果测某一坡面的坡角,则只需把上盖打开到极限位置,将仪器侧边直接放在该坡面上,调整长水准器水泡居中,读出角度,即为该坡面的坡角(与测产状中的倾角相同)。

3)定水平线

先将磁针锁住,把长照准器扳至与盒面成平面;上盖扳至90°,而长照准器尖竖直,平行上盖,将指示器对准"0";通过长照准器尖上的视孔和反光镜椭圆孔的视线,即为水平线。

4. 测物体的垂直角

先将磁针锁住,把上盖扳到极限位置;用仪器侧面贴紧物体(如钻杠)具有代表性的平面,然后调长水准器水泡居中;此时指示器的读数即为该物体的垂直角。

第二节 野簿的记录格式

野外记录簿(简称野簿)专门用来记录野外地质现象的观测结果。这些观测结果是十分珍贵的第一手资料,要分外爱惜,注意保存,不要随意丢失,也不要随意撕页。野簿有些内容涉及国家秘密,要按照保密守则妥善保管。

野簿记录的格式虽然没有完全统一的规范,但记录内容应相对规范,同时应简明扼要,实事求是,条理清楚,方便自己和他人阅读。一般要求用铅笔记录野簿,而不是用钢笔或圆珠笔。这是考虑到野外可能会遇到一些突发事件导致野簿受潮或被水浸泡,铅笔的字迹不容易晕开,从而便于及时补救。收队以后,对重要数据要及时上墨,以防数据遗失。

野外记录簿的右页是划线页,记录文字描述的内容(图5-3);左页是方格网页,记录图件,包括柱状图、信手剖面图、素描以及一些重要现象示意图,也可带少量说明文字(图5-4)。

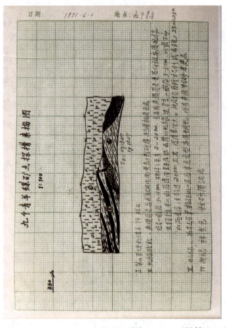 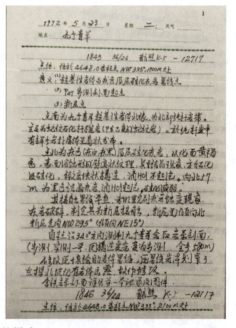

图5-3 野簿记录的样式(据温家宝,2016)

野簿的记录是随着野外地质观测路线的开展而记录下路线上每个观察点上的观测内容。每条路线的开始都要求单独另起一页记录,在该页上面写清楚当天的日期、天气和工作地点。每个观察点要填写和描述点号、点位及点性等内容。详细格式要求及实例内容如下。

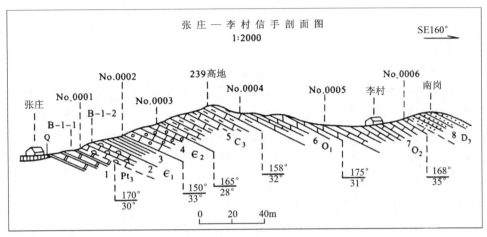

图 5-4　野外信手地质剖面图(据赵温霞,2003 修改)

1. 路线

路线记录从工作起点到工作终点,示例如下。

路线一:自大乌石塘到小塘礁石海滩

2. 任务

(1)观察描述砾石海滩沉积作用及水动力条件、火山碎屑岩岩性及岩相、小型滑坡等内容。

(2)绘制 1:5000 信手地层柱状图。

(3)绘制典型地质现象素描图。

(4)以组为单位,系统采集岩石标本。

3. 手图号

手图号是为了方便资料抽查而编写的。

4. 航空照片号

航空照片要编号,以便于检查和归档后查询。

5. 参加人员

参加人员的分工要写清楚,如记录人、掌图人……,以便责任到人。

6.定点

点上的工作是重点,测线是"点+点间"的内容,因此点的记录要清晰明了。定点的内容包括以下4个方面。

(1)点号:另起一行,居中,如 No.1。

(2)坐标:在地形图上读出。

(3)GPS 或北斗数据:用 GPS 或北斗导航定位。

(4)点位:根据周围的地形地物确定观察点的位置。根据明显的地形、固定地物(如冲沟、山顶、山脊、鞍部、坡度变化、道路交叉处、河流转弯处、桥孔等)定点,如庙根大山山脊公路旁;当地质点的位置不是正好处于上述明显的地形、地物附近时,可以采用"方位+距离"或"方位+高程"来辅助定点,如 285 高地 NE15°方向 20m。

(5)露头:记录露头出露的情况。

①性质:注明是天然的还是人工的。

②露头出露程度评价:按照差、一般、良好三级进行评价。

(6)点性:要写明所观察的内容和性质。

①地层界线点:整合(K_1c/K_1x)(下白垩统茶湾组/下白垩统西山头组);平行不整合(Qp^{3-2}/Qp^{3-1})(上更新统上组/上更新统下组);角度不整合 K_1j/K_1c)(下白垩统九里坪组/下白垩统茶湾组)。

②岩性分界点:如砂岩/灰岩的分界点。

③岩性控制点:在确定某一岩性的分布范围或延伸特点时,需要布设足够的控制点。

④构造观察点:适合于露头不好、无法详细观察的地段。

⑤水文地质点:水文、工程、环境等方面的内容都要列入主要的观察内容。

⑥蚀变(矿化)观察点:如铜矿化观察点等。

(7)描述:根据不同点位的性质,进行相关内容描述。

①对界线点,应对界线两侧岩性分别描述,先已知后未知,描述内容包括颜色、岩性、结构、构造、岩层产状、标本等。

②对断层观察点,除了分别描述两盘岩性、产状外,要重点描述断裂带特征、产状及力学性质。

(8)接触关系及依据:地层接触关系有整合或不整合接触,还有断层接触等接触关系。

(9)点间:点间要沿途记录岩性、岩性变化、接触关系、特殊的地质现象等,虽然不如点上记录得详细,但重要的地质现象要随时记录下来,并且要同时记录其所在位置。

第三节 岩石的描述方法

不同的岩石类型要描述的侧重点不同。例如岩浆岩侧重描述岩石的结晶程度、结晶矿物的类型及含量,根据不同矿物组合判断岩浆岩的性质及形成条件;碎屑岩强调碎屑颗粒的结构和沉积构造,获取流体动力学依据,来判别沉积环境。

一、岩浆岩的野外描述

在野外对岩浆岩进行分类命名时,首先要根据岩石的产状和结构构造,区分深成岩、浅成岩、喷出岩;然后根据石英、长石、似长石和暗色矿物的种类与含量,确定岩石的大类和基本名称。野外对岩浆岩的观察描述一般包括颜色、结构、构造、矿物成分、次生变化等内容。

(1)颜色:岩石新鲜面的颜色以及风化后的颜色。

(2)结构:包括岩石的结晶程度、主要矿物的自形程度、矿物颗粒的大小。结晶程度指全晶质、半晶质、玻璃质结构。在全晶质结构中,要描述自形程度,是全自形晶、半自形晶,还是他形晶。比较主要矿物的相对大小包括等粒、不等粒、斑状、似斑状结构。目估或测量主要矿物的绝对大小,分粗粒、中粒、细粒结构。最后要综合定名,如全晶质半自形中粒结构。

(3)构造:指岩石中矿物颗粒的分布均匀程度、定向性、气孔及其充填物(如杏仁构造)等,根据这些要素来确定岩石的构造类型。

(4)矿物成分:是野外描述的重点。根据肉眼(借助放大镜)观察,描述主要和次要矿物、斑晶与基质及相对含量。需描述矿物的颜色、光泽、解理、硬度、晶体形态、颗粒大小、含量等。

(5)其他特征:观察次生变化、矿化类型、裂隙、破碎程度、矿物充填等。

(6)综合定名:依次按颜色、特征构造、结构(粒度)、次要矿物、基本矿物顺序定名,如黑灰色条带状粗粒橄苏辉长岩。

实例1:花岗岩(产地:北京杨坊)(乐昌硕,1984)

描述:岩石较新鲜,呈浅肉红色,中粗粒结构,块状构造。主要由钾长石、斜长石、石英及少量黑云母组成,长石和石英矿物占90%以上。其中,钾长石呈浅红色,板状,外形不规则,颗粒大小为$2mm×3mm$,含量约45%;斜长石,浅灰色,板状,自形程度较好,颗粒大小为$2mm×2.5mm$,含量约20%;石英呈灰色,半透明,他形粒状,含量大于25%,粒径为2~3mm。暗色矿物主要为黑云母,呈鳞片状,黑褐色,含量小于10%,有的已蚀变为褐色的蛭石或绿泥石。副矿物为榍石和磁铁矿,含量甚微,小于1%。

定名:黑云母花岗岩。

实例2:凝灰岩(产地:河北宣化)(乐昌硕,1984)

描述:岩石呈灰绿色,块状构造,具凝灰结构。主要由灰绿色火山灰以及部分晶屑和岩屑组成。岩屑成分不易分辨,黑色的可能为燧石,灰色的可能为灰岩,含量约5%;晶屑由无色透明具玻璃光泽、清晰解理的透长石以及烟灰色具油脂光泽的石英组成。偶见黑云母小片。晶屑呈不规则的棱角状,大小为1~2mm,含量约20%。岩石滴盐酸剧烈起泡,表明有次生的方解石。

定名:晶屑凝灰岩。

二、碎屑岩的野外描述

碎屑岩是由源区岩石经风化剥蚀、搬运最后在低洼区沉积下来,并经固结成岩而形成的岩石类型。碎屑岩在野外主要描述颜色、成分、结构、沉积构造、古生物及其遗迹化石、上下地层的接触关系等内容。

1. 颜色

颜色包括原生色、次生色、继承色。原生色是由原生矿物或有机质显现的颜色,是在沉积环境中形成的矿物的颜色;次生色是由次生矿物显现的颜色,是在成岩环境中形成的矿物的颜色;继承色是由陆源带来的碎屑矿物显现出来的颜色。

2. 成分

成分包括碎屑矿物颗粒和填隙物。

1)碎屑颗粒成分

碎屑岩中最常见的碎屑颗粒是石英、长石和各种岩屑,少量云母和重矿物。

石英:主要来源于花岗岩、片麻岩和某些沉积岩。石英碎屑常呈灰白色、烟灰色,也可呈淡黄色或黄褐色等,呈透明或半透明,硬度大于小刀。

长石:钾长石最常见,次为酸性斜长石,基性斜长石较少见。长石碎屑多呈肉红色、灰白色或黄褐色,由于易于风化(高岭石化、绢云母化),硬度常变低,可被小刀刻动,光泽也较暗淡,或呈土状光泽。

岩屑:指母岩经机械破碎形成的保留原岩成分和结构特征的岩石碎块。岩屑的种类多样,但其含量与碎屑岩的粒度有关,粒度越粗,岩屑的含量越高,岩屑的种类也越复杂。

云母:碎屑岩中的云母主要为白云母。白云母一般呈细小鳞片状集中分布在细砂岩或粉砂岩的层面上,颜色较浅,但具较强的丝绢光泽。

2)填隙物

填隙物是指充填于碎屑孔隙中的物质,包括胶结物和杂基两类。胶结物的种类较多,常见的有硅质、钙质、铁质、磷质、海绿石质等。杂基以黏土矿物为主,常含少量细粉砂。

3. 结构

碎屑岩的结构包括碎屑颗粒的特点(颗粒大小、圆度、球度、形状、分选等)、填隙物的特点以及碎屑颗粒与填隙物之间的关系(胶结类型)3个方面的内容。在野外观察时,主要确定碎屑颗粒的大小、分选、圆度、球度、胶结类型、支撑类型等。

1)颗粒大小

颗粒大小称为粒度,一般用颗粒的视长径来计量,自然粒级或克鲁宾 Φ 值粒级标准见表5-1。自然界单一粒级的碎屑岩很少见,大部分由几种不同粒级的碎屑组成,各粒级的含量不同,岩石的粒级名称也不相同。一般以粒级含量50%、25%、10%三个界线为依据,确定岩石的粒级名称。含量大于50%的粒级作为岩石的基本名称,如中粒砂岩;含量为25%~50%的粒级,以"××质"的形式写在基本名称之前("质"字常省略),如粉砂质细砂岩;含量为10%~25%的粒级,以"含××"写在岩石名称的最前面,如含砾粗砂岩、含粗砂粉砂质细砂岩;含量小于10%的粒级不参加命名。

表 5-1 碎屑颗粒的 Φ 标准粒级划分表（据张鹏飞，1990）

粒级划分		碎屑颗粒直径 d/mm	Φ 值	野外名称	室内名称
砾	巨砾	>128	<-7	巨砾岩（角砾岩）	
	粗砾	128～32	-7～-5	粗砾岩（角砾岩）	
	中砾	32～8	-5～-3	中砾岩（角砾岩）	
	细砾	8～2	-3～-1	细砾岩（角砾岩）	
砂	巨砂	2～1	-1～0	粗粒砂岩	巨粒砂岩
	粗砂	1～0.5	0～1		粗粒砂岩
	中砂	0.5～0.25	1～2	中粒砂岩	中粒砂岩
	细砂	0.25～0.125	2～3	细粒砂岩	细粒砂岩
	微砂	0.125～0.063	3～4		微粒砂岩
粉砂	粗粉砂	0.063～0.031	4～5	粉砂岩	粗粉砂岩
	细粉砂	0.031～0.004	5～8		细粉砂岩
泥（黏土）		<0.004	>8		

注：$d=-\log_2\Phi$。

2）圆度

圆度是指碎屑颗粒的棱角被磨蚀圆化的程度。圆度的研究对象主要是中、粗碎屑岩，划分成极圆状、圆状、次圆状、次棱角状和棱角状 5 个圆度级别。

3）分选

分选是指相同粒级的碎屑颗粒相对集中的程度。当同一粒级的碎屑占全部碎屑的 75% 以上时，称分选好；当同一粒级的碎屑占全部碎屑的 50%～75% 时，称分选中等；当没有一个粒级的碎屑达到全部碎屑的 50% 时，称分选差。

4）球度

球度是指碎屑颗粒接近球体的程度。球度是颗粒三维空间的形状，三轴相等者球度最高，片状及柱状颗粒球度最低。

5）胶结类型

在碎屑岩中，胶结物或填隙物的分布状况及其与碎屑颗粒的接触关系称为胶结类型。根据成分，胶结类型可分为泥质胶结、钙质胶结、硅质胶结、铁质胶结等。根据接触关系，胶结类型可分为基底式胶结、孔隙式胶结、接触式胶结、溶蚀胶结等。

6）支撑类型

在碎屑岩中，根据颗粒与基质的相对比例及颗粒间是否相互接触，细分为基质支撑和颗粒支撑。

7）其他

另外，在野外工作中，还要描述沉积岩中所含生物及其保存特征、地层接触关系（冲刷接触、截然接触、过渡接触)等。

实例1:长石砂岩(产地:河北唐山)(方少木,1980)

描述:黄红色,不等粒砂状结构。碎屑成分主要为石英和钾长石,还含少量白云母碎片。碎屑颗粒大小不均,属中—粗粒。石英无色透明,含量约60%;钾长石表面新鲜,呈肉红色,解理清楚,解理面上玻璃光泽强,含量约30%;白云母呈白色,珍珠光泽强,沿层理面分布较多。胶结物为黏土质和铁质,胶结较紧密。

定名:黄红色黏土质中—粗粒长石砂岩。

实例2:石英砂岩(产地:河北宣化)(方少木,1980)

描述:暗紫色,颜色分布不很均匀,中粒砂状结构,颗粒大小比较均匀。碎屑成分主要为石英,呈灰紫色,含量约80%;有的地方还可以见到少量黄铁矿,呈细粒星散状分布。由颜色可知胶结物为铁质,铁质胶结物分布不均匀,有的地方聚集成团块,有的已风化成褐铁矿,沿节理面浸染有风化后的氢氧化铁。胶结致密、坚硬,块状构造。

定名:暗紫色铁质中粒石英砂岩。

实例3:粉砂岩(方少木,1980)

描述:新鲜面呈肉红色,风化面常为灰白色。主要为含砂质点和黏土质点,成分较复杂。肉眼能分辨的矿物成分有石英、白云母碎片和黏土矿物。黏土质和铁质胶结,具薄层状构造。

定名:肉红色黏土质粉砂岩。

第六章　室内分析工作方法

海岸带地质调查的室内工作包括测试分析、数据整理、制图、综合分析和编写报告等。在实习过程中，主要学习一些简单的工作方法，本章介绍岩矿鉴定和粒度分析两个方面的内容，这些也是可练习的最基础的研究工作。岩矿鉴定是加深对岩石、矿物的认识，粒度分析是练习基础数据的收集和研究。两项工作都是从基础工作入手，研究地质作用和成因机制。

第一节　岩矿鉴定

岩矿鉴定是指应用各种矿物学原理与方法，利用矿物的物理特征和化学成分，对岩石或矿物样品及其加工制作的光(薄)片、砂片、碎屑、粉末进行观察、鉴定，判识矿物种类，并研究岩石或矿石的矿物组成、结构、构造，确定岩(矿)石类型，推断矿物和岩石的形成过程。

一、偏光显微镜

岩矿鉴定的方法很多，包括微束技术、光学显微镜法、热分析方法、电子显微镜分析、X射线物相分析、谱学分析等方法，其中光学显微镜法是最常用和最便捷的鉴定方法。

光学显微镜法又包括偏光显微镜法和反光显微镜法，具体采用何种方法视岩石或矿物中不透明矿物的含量而定，金属矿物及矿石的研究采用反光显微镜法，通常情况下采用偏光显微镜法。

偏光显微镜法是将矿物或岩石标本磨制成 0.03mm 厚的薄片，在偏光显微镜下通过透射光分析矿物的光学性质，鉴定岩石的矿物成分，确定岩石类型及其成因，最后进行岩石定名，因此该方法又称岩石薄片鉴定法。使用该方法可以获得矿物的颜色、形状、大小、折光率、消光角、重折率、干涉色、轴性、光轴角等光学常数，借助费氏台法、油浸法或干涉显微镜法等还可以获取精确的光轴角、消光角、折光率等数据。通过光性特征可以获得矿物的形成顺序、次生变化、体积百分数以及岩石的结构构造、胶结类型等特征，进而准确地判断岩石类型，对岩石进行准确的定名。

偏光显微镜是偏光显微镜法和反光显微镜法的主要鉴定工具，主要部件是目镜、物镜、载物台、光源(透射、反射用途各一个)、偏光镜(上、下各一个)以及滤镜等附件(图6-1)。可以只用上偏光镜，也可以上偏光镜和下偏光镜一起使用，还可以不用偏光镜，因此其用途包含了单偏光、正交偏光和全光3种功能。

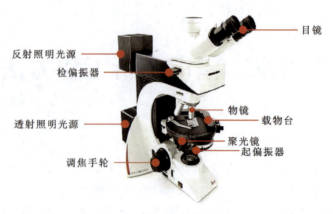

图6-1 偏光显微镜的结构

二、单偏光下透明矿物的光学特征

偏光显微镜是将普通光改变为偏振光进行镜下检查,以鉴别某一物质是单折射性(各向同性)或双折射性(各向异性)。

光的偏振现象:光波根据振动的特点,可分为自然光与偏振光。自然光的振动特点是在垂直光波传导轴上具有许多振动面,各平面上振动的振幅分布相同;自然光经过反射、折射、双折射及吸收等作用,可得到只在一个方向上振动的光波,这种光波则称为"偏光"或"偏振光"。

偏光的产生及其作用:偏光显微镜有两个偏振器:一个装置在光源与被检物体之间的叫起偏振器;另一个装置在物镜与目镜之间的叫检偏振器。从光源射出的光线通过两个偏振器时,如果起偏振器与检偏振器的振动方向互相平行,即处于"平行检偏位"的情况下,则视场最为明亮;反之,若两者互相垂直,即处于"正交检偏位"的情况下,则视场完全黑暗,如果两者倾斜,则视场表现出中等程度的亮度。因此,在采用偏光显微镜检时,原则上要使起偏振器与检偏振器处于正交检偏位的状态下进行。

贝克线:当两种不同的介质(如矿物与树胶)接触时,在界面上透射光产生折射、反射和全反射等现象,引起光的聚敛和分散。在光聚敛处形成一条较明亮的细线,该细线被称为贝克线;分散处则为较黑暗的边缘,称矿物边缘。

突起和闪突起:在下降载物台的时候,如果矿物的折光率大于树胶,贝克线向矿物内移动;如果矿物的折光率小于树胶,贝克线向树胶移动(表6-1)。闪突起是矿物突起随着载物台的旋转而发生周期性的高低变化,如碳酸盐矿物和白云母。

糙面:指矿片表面凹凸不平的视觉感觉,似皮革表面,通常突起愈高的矿物糙面愈明显。

解理:指矿物受外力作用后沿一定结晶学方向裂成光滑平面的性质。解理纹能见度取决于3个因素:①矿物的解理性质;②矿物的切面方向(切面法线与解理面的交角 α);③矿物与树胶的折射率差。

颜色、多色性和吸收性:在单偏光镜下的色泽(或者色彩),非均质体矿物颜色或色彩发生改变、呈现多种色彩的现象称为多色性,颜色深浅发生改变的现象称为吸收性。角闪石、电气石呈现多色性;黑云母垂直(001)切面多色性强,而平行(001)切面呈现无或弱多色性。

表 6-1 突起等级的划分与判别(据李德惠,1984;常丽华等,2006)

突起等级	贝克线移动	矿物折射率范围	代表矿物
高负突起	移向树胶	<1.48	萤石、蛋白石
低负突起	移向树胶	1.48~1.54	正长石、白榴石、沸石、钠长石
低正突起	移向矿物	1.54~1.60	石英、中—基性斜长石
中正突起	移向矿物	1.60~1.66	角闪石、磷灰石、电气石
高正突起	移向矿物	1.66~1.78	辉石、十字石、橄榄石
极高正突起	移向矿物	>1.78	帘石、石榴子石、榍石、锆石

注:贝克线的移动是指下降载物台的时候贝克线的移动方向。

三、正交偏光下透明矿物的光学特征

单折射性与双折射性:光线通过某一矿物时,如光的性质和进路不因照射方向而改变,这种矿物在光学上就具有"各向同性",又称单折射体;若光线通过另一矿物时,光的速度、折射率、吸收性和偏振、振幅等随照射方向发生改变,这种矿物在光学上则具有"各向异性",又称双折射体。

双折射体:在正交的情况下,视场是黑暗的,如果被检物体光学表现是各向同性(单折射体),旋转载物台,视场仍然黑暗;若被检物体是双折射特性矿物,则视场变亮。光线通过双折射体时,所形成两种偏振光的振动方向,依矿物种类而异。

消光位:双折射体在正交情况下,载物台旋转360°,双折射体的象有4次明暗变化,每隔90°变暗一次。变暗的位置是双折射体的两个振动方向与两个偏振镜的振动方向一致的位置,称为消光位置。从消光位置旋转45°,被检物体变为最亮。根据上述基本原理,利用偏光显微术就可能判断各向同性(单折射体)和各向异性(双折射体)矿物。

干涉色:在正交检偏位情况下旋转载物台,在双折射体视场中不仅出现最亮的对角位置,而且会看到颜色。出现颜色主要是由干涉色造成的(当然也可能被检物体本身并非无色透明)。干涉色的分布特点取决于双折射体的种类和厚度(图6-2,表6-2)。薄片中的同种矿物由于切片方向不同,其双折射率不同,因而干涉色也不同,其中只有平行光轴(一轴晶)或平行光轴面(二轴晶)的切片才具有最大的双折射率和最高干涉色,对矿物鉴定才具有意义(常丽华等,2006)。

补色:在正交偏光镜间,两个非均质体任意方向的矿片(除垂直光轴以外的),在45°位置重叠时,光通过此两矿片后总光程差的增减法则(光程差的增减具体表现为干涉色级序的升降变化),称为补色法则。借助补色器(或试板)可以更准确地判别干涉色及其对应的级序。常用的补色器有石膏试板、云母试板、石英楔、贝瑞克消色器。

锥光:在正交偏光镜($PP \perp AA$)的基础上,加上一个聚光镜(把聚光镜升到最高位置),换用高倍物镜,推入勃氏镜或去掉目镜,便完成了锥光镜的装置。锥光主要用于测定非均质矿物的轴性。

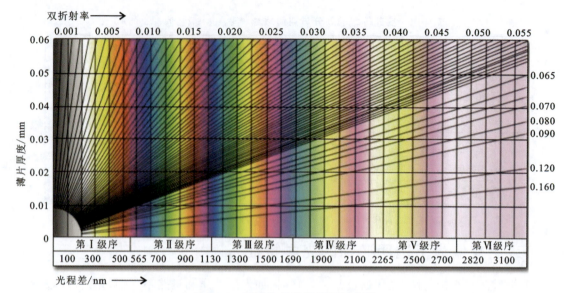

图 6-2 干涉色色谱及级序划分图

表 6-2 常见干涉色的级序和双折射率(据常丽华等,2006)

干涉色级序		干涉色	双折射率	代表矿物
第Ⅰ级序	底	灰、灰白、黄白	0.002～0.009	磷灰石、长石、绿柱石、石英
	顶	亮黄、橙、紫红	0.010～0.019	紫苏辉石、蓝晶石、重晶石
第Ⅱ级序	底	蓝、绿、黄绿	0.020～0.029	矽线石、普通辉石、透闪石
	顶	黄、橙、紫红	0.030～0.037	透辉石、粒硅镁石、橄榄石
第Ⅲ级序	底	绿蓝、蓝绿、绿	0.038～0.045	橄榄石、白云母、滑石
	顶	绿黄、猩红、粉红	0.046～0.055	锆石、霓石、黑云母、(白云母)
第Ⅳ级序	底	紫灰、灰蓝、淡绿	0.056～0.065	独居石、锐钛矿
	顶	高级白	>0.066	碳酸盐矿物、榍石、锡石

四、岩浆岩的镜下鉴定

镜下鉴定矿物成分、结构构造、蚀变现象和岩石名称,重点是矿物成分及结构特征。

首先,在低倍镜下观察总体矿物成分、结构特点;然后,用中高倍镜测定矿物大小、光性、结构、构造及含量;最后,完成定名。

(1)矿物成分:确定主要矿物、次要矿物、副矿物,全面观察矿物的颜色、晶形、自形程度、粒径、突起、消光、干涉色、双晶、轴性、光性符号、2V 角以及蚀变现象等,描述其主要特征。如石英是粒状,无色透明,正低突起,一级黄白干涉色。

(2)结构:粒度、自形程度、斑状结构等。

(3)构造:排列、溶蚀程度、共结现象、交代作用等。

(4)综合命名:命名原则同手标本,但要求更准确、更具体。

实例1：辉绿岩(产地：朱家尖岛)

1. 矿物成分及其主要特征

斜长石(Pl)：含量约47%，半自形板柱状，双晶发育，交织结构分布，局部可见三角格架分布，斜长石边缘和三角格架中分布辉石、角闪石以及角闪石蚀变后的绿泥石，构成辉绿结构，斜长石粒径在0.30~1.00mm之间。

单斜辉石(Cpx)：含量约25%，不规则粒状，正高突起，二级干涉色，具两组解理，部分被角闪石交代，或蚀变成绿泥石，零散分布在斜长石晶粒间或格架中，粒径在0.05~0.50mm之间。

角闪石(Hbl)：含量约10%，半自形粒柱状或他形粒状，浅褐色，二级干涉色，见两组解理，由多交代单斜辉石而成，部分蚀变成绿泥石，零散分布在斜长石晶粒间以及三角格架中，粒径在0.05~0.35mm之间。

绿泥石(Chl)：含量约15%，不规则粒状或集合体状，淡绿色，异常干涉色，零散分布在斜长石晶粒间或格架中，集合体粒径在0.05~0.35mm之间。

方解石(Cal)：含量约1%，不规则细粒状，高级白干涉色，零星分布在斜长石和角闪石晶面中，粒径大小在0.05~0.15mm之间。

金属矿物：含量约2%，半自形或他形细粒状，不透明，零散分布在斜长石间隙中以及辉石和角闪石晶粒中，多为含铁、钛等金属矿物，粒径在0.02~0.15mm之间。

2. 结构构造

岩石为辉绿结构(图6-3)，具块状构造。

图6-3 蚀变辉绿岩镜下显微特征

a.正交偏光(10倍×5倍)；b.单偏光(10倍×5倍)；Chl.绿泥石；Cpx.单斜辉石；Hbl.角闪石；Pl.斜长石

3. 鉴定名称

定名为：蚀变辉绿岩。

实例2：玄武岩(产地：南京方山)(王对兴等，2010)

岩石镜下具斑状结构，基质具间粒间隐结构，斑晶与基质比例为15∶85。斑晶主要为伊丁石和斜长石，少量辉石。伊丁石斑晶与斜长石斑晶含量相近。基质成分是斜长石微晶、辉石微粒，以及少量磁铁矿、玻璃质和显微隐晶质。

伊丁石斑晶：斑晶大小一般在1～2 mm之间，具橄榄石假象，可见解理、环带结构及棕红色-棕黄色多色性，有时可在伊丁石内部找到橄榄石残晶。

斜长石斑晶：呈长板状，聚片双晶和卡钠复合双晶发育，测得$Np' \wedge (010)$最大消光角为$34°$，为An_{60}，属拉长石。

辉石斑晶：为普通辉石，呈自形短柱状，横切面近八角形，可见两组近垂直的完善解理，最高干涉色为Ⅱ级黄，在此切面上测得最大消光角$Ng' \wedge c = 41°$，偶见辉石出溶页片和简单双晶。

斜长石斑晶：约占基质的60%，呈细长长条状，无规则排列，形成许多三角状空隙，微粒状的单斜辉石、磁铁矿、绿色（或黑色）的玻璃质及显微隐晶质的物质充填在孔隙中，形成典型的间粒间隐结构。斜长石微晶最大消光角$Np' \wedge (010) = 30°$，为An_{45}，属中性斜长石。

薄片中尚可见到圆形到椭圆形的气孔，局部有被方解石充填的现象。

定名：伊丁石化橄榄玄武岩。

实例3：凝灰岩（产地：河北）（王对兴等，2010）

岩石镜下具玻屑凝灰结构，主要由玻屑组成，占90%以上，含少量岩屑、晶屑，含量皆不足5%。火山碎屑物一般在0.5～1.5 mm之间，个别岩屑大于2 mm。

玻屑形态多种多样，多为弧面棱角状、鸡骨状，少量为撕裂状、浮岩状。玻屑无定向性，具低负突起。在正交镜下大部分全消光，部分因去玻化而显弱的光性；少部分因已发生蒙脱石化、高岭石化，呈具Ⅰ级深灰干涉色的鳞片状。玻屑之间充填有大量细小的赤红色火山尘，即使在高倍镜下也难以观察其外形，这一部分也应计算在玻屑成分内。

晶屑主要是石英、透长石和斜长石，多为棱角状、阶梯状，内部裂纹发育。

岩屑成分复杂，以粉砂岩、安山岩、燧石岩屑较为常见，偶尔也见到少量半塑性浆屑。浆屑多为焰舌状，内部具微晶结构。

岩石具碳酸盐化和绿泥石化。方解石呈团块状或脉状交代岩石。

定名：流纹质玻屑凝灰岩。

五、碎屑岩的镜下鉴定

碎屑岩是由母岩机械风化产生的矿物和岩石碎屑经搬运、沉积、压实和胶结而形成的岩石。碎屑岩组分除碎屑颗粒外，还有杂基和胶结物。碎屑颗粒成分既与母岩密切相关，又有环境改造的痕迹。一般碎屑岩的成分是多来源的，包括沉积岩、岩浆岩和变质岩，但石英、长石等比较常见的或耐风化的矿物又相对集中。常见的矿物有石英、长石、云母和岩石碎屑。

1. 石英

石英：无色透明，形状为他形粒状，次棱角状—次圆状，表面干净，正交偏光镜下为一级灰白干涉色。来自深成岩浆岩的石英常含有气液包裹体或细小的自形程度高的岩浆岩副矿物包裹体；来自变质岩的石英常具波状消光并可见有特征的变质矿物的针状、长柱状包裹体；来自喷出岩的石英常具破裂纹及港湾状溶蚀边,再旋回石英呈浑圆状或自生加大边。

2. 长石

长石:有3种,即斜长石、正长石、微斜长石。

斜长石:形态不规则,为棱角状—次棱角状,在单偏光下绢云母化而使表面混浊,呈灰色,解理可见,正交镜下呈聚片双晶,双晶纹细密,为钠长石-更长石类,双晶纹较宽,为钙长石类。

正长石:无色透明,微红色,板状或者柱状,一组解理清晰,有时沿解理方向发生次生变化而出现条纹,使表面混浊,正交镜下呈一级灰干涉色,常见卡氏双晶。

微斜长石:无色透明,宽板状或柱状,有的表面较混浊,沿解理方向发生次生变化(高岭石化),正交偏光下有特征的格子双晶。

3. 云母

云母:有两种,即黑云母和白云母。

白云母:无色透明,长条形,解理极完全,常常发生弯曲变形,闪突起现象明显。正交偏光下干涉色鲜艳,最高干涉色达三级顶部。

黑云母:呈褐色或者绿色,一组解理发育,多色性与吸收性明显,常见多色晕。正交偏光下干涉色不均,可达二级至三级顶部。常发生变形,形成弯曲的膝折构造。

4. 岩石碎屑

岩石碎屑简称岩屑,与三大母岩有关,一般有变质岩岩屑、岩浆岩岩屑、沉积岩岩屑。

(1)变质岩岩屑:①石英岩,由镶嵌状多晶石英组成;②片岩,由白云母或黑云母定向排列组成,含石英晶体;③千枚岩,由细小的绢云母等组成,具有纹理。

(2)岩浆岩岩屑:①玄武岩,由板条状长石组成,具粗玄结构,偶见斑晶;②安山岩,细板条状长石,具玻晶交织结构;③花岗岩,以长石、石英为主,可含黑云母、角闪石,具花岗结构。

(3)沉积岩岩屑:①硅质岩,由微晶石英组成,呈镶嵌状;②石英粉砂岩,具碎屑结构,含白云母;③泥岩、页岩,由鳞片状绢云母及黏土矿物组成,具层理。

除了矿物成分以外,还要对粒度、圆度、球度、分选等沉积结构进行描述,再观察基质、胶结物类型、相对含量以及支撑类型才能对岩石命名。另外,还要对成岩作用进行适度的刻画。

实例1:细角砾岩(王对兴等,2010)

1. 手标本描述

灰褐色。块状构造。砾石含量为65%,以硅质岩(硬度大)为主,次为泥岩;填隙物约30%,为泥质;孔隙体积占5%。砾石直径为2~10mm,分选差,呈棱角—次棱角状;孔隙直径达1 mm,呈杂基支撑结构。

2. 薄片镜下描述

砾石成分有硅质岩、泥岩和页岩。硅质岩在单偏光镜下无色,有的被泥质交代,边缘污浊;正交偏光镜下具小米粒状结构,约占砾石总量的 2/3。泥岩和页岩表面污浊,泥质结构,页岩显水平层理,填隙物为黏土矿物,已发生绿泥石化和绢云母化。

成因分析:鉴于砾石分选、磨圆差,杂基支撑,故为近源快速堆积的泥石流沉积。

定名:灰褐色细角砾岩。

实例 2:石英砂岩(产地:河北唐山)(王对兴等,2010)

1. 手标本描述

灰绿色,中粒砂状结构。粒度均匀,分选好,磨圆多为圆状。碎屑含量约 85%,胶结物约 15%。颗粒支撑,孔隙式胶结。

碎屑几乎全由石英组成。石英无色,微透明,油脂光泽,硬度很大。胶结物为海绿石,暗绿色,无光泽,小刀可以刻划,部分氧化成褐铁矿,形成疏松的褐色斑点。有些海绿石呈颗粒状,为自生碎屑,粒径与石英碎屑相近。可见由海绿石含量变化显示的平行纹理,纹理厚约 1 mm。

2. 薄片镜下描述

中粒砂状结构。多数颗粒粒径在 0.2~0.4mm 之间,分选好,磨圆为圆—极圆状。碎屑含量 80%,胶结物含量 20%。碎屑由陆源碎屑和自生海绿石碎屑组成,它们分别占碎屑总量的 90% 和 10%。陆源碎屑中 97% 以上都是石英,仅有极少量的长石、锆英石、帘石等重矿物。重矿物粒度较细,但磨圆度很高。

石英:无色,表面干净,圆—极圆状。部分具不规则裂纹或有尘点状包裹体,多数有明显的波状消光。

长石:无色,可见解理,多为微斜长石和斜长石,偶见条纹长石,一般呈次圆状,有的长石因发生高岭土化略带褐色或混浊不清。

自生海绿石:碎屑为鳞片状集合体,外形浑圆,粒径多在 0.4~0.5mm 之间,分布比较均匀,鲜绿色,多有集合偏光现象。少数鳞片较大者可见明显多色性和 II 级干涉色。

胶结物为海绿石和自生石英,以自生石英为主,自生石英均为碎屑石英的加大边。两种胶结物不在同一粒间孔中出现。胶结方式为孔隙式,胶结十分紧密严实。部分海绿石(碎屑或胶结物)已氧化成褐铁矿,不透明。

成因分析:岩石中石英碎屑含量极高,分选性和磨圆度均好,即两个成熟度都较高,说明碎屑石英经过了长距离搬运,又经反复筛选磨蚀,不稳定组分已被大量淘汰,泥基已被冲洗干净,碎屑形成于稳定地台区。海滩具形成上述特征的有利地段,海绿石为典型的海相指示矿物,故此砂岩的形式可能与浅海环境有关。沉积物无明显压实现象,成岩方式主要为胶结作用。在同生阶段仅有少量海绿石胶结物,随着埋深增加,沉积物进一步被共轴增生石英胶结而成岩。

定名:灰绿色中粒海绿石质石英砂岩。

第二节 粒度分析

粒度分析是对颗粒大小进行数据分析,获得工程、环境、气候等研究所需的参数,判别沉积物的沉积条件和沉积环境,因此粒度分析有重要的应用前景。

一、粒度分析方法

粒度分析的方法和对象非常广。对易于分解离开的碎屑沉积,通常采用筛析粒度法和沉降粒度法;对固结较紧且又不易解离的碎屑沉积通常采用薄片粒度法;对粗大的砾石通常采用直接测量法;对于细小的泥质和粉砂质沉积物通常采用激光粒度法。根据分析结果,可推测沉积物的形成条件和形成环境。

(1)筛析粒度法:用于粗颗粒样品的分析,下限为0.063mm,即细砂以上。选用不同孔径的套筛将样品自粗至细逐级筛分。筛孔间隔最好是1/2或1/4。筛析样品通常取15~20g或更多一些,一般在振筛机上筛15~20min,然后分级称重,称重应精确到0.01g,计算质量及累积百分数。

(2)沉降粒度法:利用颗粒的沉降速度来划分粒级分布,并且把较细颗粒的沉积物分离为粒级。据《碎屑岩粒度分析方法》(SY/T 5434—1999),大于2mm的颗粒采用惯性沉降,小于0.2mm的颗粒属于黏性沉降,采用Stocks沉降公式:

$$v = \frac{(\rho_1 - \rho_2)gD^2}{18\mu} \quad (6-1)$$

式中,v为颗粒自由沉降速度,cm/s;ρ_1为颗粒密度,g/cm³;ρ_2为液体密度,g/cm³;g为重力加速度,980.665cm/s²;D为颗粒直径,mm;μ为液体黏度,mPa·s。

(3)薄片粒度法:薄片的制备与普通岩石薄片的制备方法相同,疏松的砂岩用胶浸煮后磨片。不同之处在于,用作粒度分析的薄片尺寸要稍大些(3.0cm×2.0cm),尤其是粗粒砂岩,以便在薄片内可测量到足够的颗粒数(一般300颗)。利用显微镜的微尺,按特定抽样方法(点、线或带)统计颗粒大小。

(4)激光粒度法:在激光束中,一定粒径的球形颗粒以一定的角度向前散射光线,这个角度接近于同颗粒直径相等的孔隙所产生的衍射角。颗粒流经过激光束时可以产生一个稳定的衍射谱,所检测到的衍射谱便记录下颗粒大小的分布状况。

二、粒度分布及粒度参数

颗粒直径D用毫米值或Φ值表示,Φ值与毫米值的换算关系为:

$$\Phi = -\log_2 D \quad (6-2)$$

式中,D为颗粒直径,mm。

沉积物颗粒粒度的分布特征和粒度参数介绍如下。

1. 粒度分布特征

河口和海滩沉积物粒度分布一般属正态分布或对数正态分布,其密度函数为：

$$\Phi(X) = \frac{1}{\sqrt{2\pi}\sigma} e^{-\frac{(X-a)^2}{2\sigma^2}} \tag{6-3}$$

式中,a 为平均值；σ 为标准差。

当 $a=0$,$\sigma=1$ 时,沉积物的粒度分布呈标准正态分布。在标准正态分布图上(图 6-4a),a 为曲线最高点的横坐标,σ 的大小代表颗粒的分选度。同一平均值下,不同分选度沉积物的粒度分布也不同(图 6-4b)。

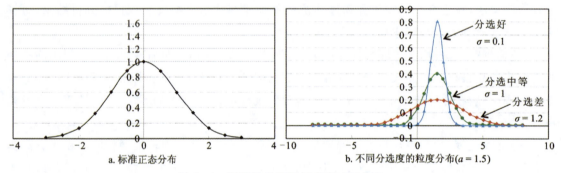

图 6-4 沉积物粒度所呈现的正态分布

2. 粒度分布曲线

常见的粒度分布曲线有 3 种,即直方图(及其频率曲线)、累积频率曲线(也称累积曲线)、概率累积曲线。3 张图所要表达的重点有所不同：①直方图直观表达众数值,方便了解主要的粒度区间(图 6-5)；②累积频率曲线反映颗粒连续分布的性质,方便得到统计特征值(图 6-6)；③概率累积曲线清晰展现沉积物主要的搬运营力,划分出滚动、跳跃和悬浮 3 个总体的粒度范围(图 6-7),各直线段的斜率反映分选的大小。

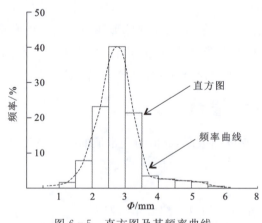

图 6-5 直方图及其频率曲线

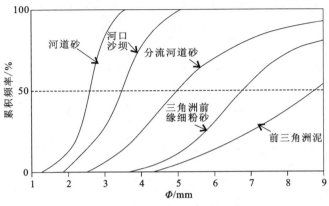

图6-6　长江三角洲现代沉积各亚环境沉积物累积曲线图(据孙永传和李惠生,1986)

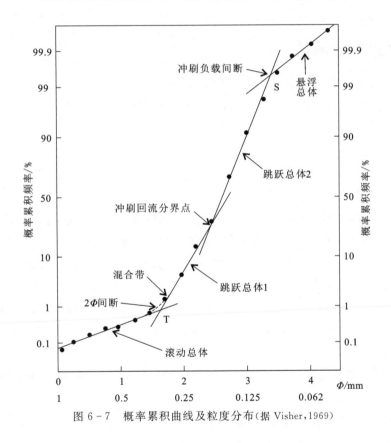

图6-7　概率累积曲线及粒度分布(据Visher,1969)

3. 粒度参数

粒度参数包括平均粒度(M_z)、标准偏差(σ_I)、偏度系数(SK_I)、峰态或尖度(K_G),具体参考公式如下(Folk and Ward,1957;刘宝珺,1980)。

(1)平均粒度(M_z):反映搬运介质的平均动能。表达式为:

$$M_z = \frac{\Phi_{16} + \Phi_{50} + \Phi_{84}}{3} \tag{6-4}$$

(2)标准偏差(σ_I):反映沉积物的分选程度,即颗粒的分散和集中程度。表达式为:

$$\sigma_I = \frac{\Phi_{84} - \Phi_{16}}{4} + \frac{\Phi_{95} - \Phi_5}{6.6} \tag{6-5}$$

(3)偏度系数(SK_I):表示频率曲线的对称性,包括正态、正偏态、负偏态3种情况。表达式为:

$$SK_I = \frac{\Phi_{16} + \Phi_{84} - 2\Phi_{50}}{2(\Phi_{84} - \Phi_{16})} + \frac{\Phi_5 + \Phi_{95} - 2\Phi_{50}}{2(\Phi_{95} - \Phi_5)} \tag{6-6}$$

(4)峰态或尖度(K_G):表示正态频率曲线的尖锐程度,可用来反映分选,表达式为:

$$K_G = \frac{\Phi_{95} - \Phi_5}{2.44(\Phi_{75} - \Phi_{25})} \tag{6-7}$$

以上公式中,M_z为平均值,Φ值;σ_I为标准偏差,Φ值;SK_I为偏度;K_G为峰度;Φ_5、Φ_{16}、Φ_{25}、Φ_{50}、Φ_{75}、Φ_{84}、Φ_{95}为分别为累积曲线5%、16%、25%、50%、75%、84%、95%处所对应的Φ值。

三、粒度资料的应用

沉积物粒度分析主要是分析沉积物的形成条件和形成环境,在水文、工程和环境调查中广泛应用,在古地理恢复和古沉积环境分析中也有突出贡献。

1. 粒度参数

粒度参数在被建立之初都被赋予了特定的沉积环境和水动力含义(Folk and Ward, 1957)。

(1)众数:频率曲线中最大频率的颗粒直径。海滩环境中每个亚环境有不同的众数特征,沙丘砂为单峰态,海滩砂有不明显的双峰,破波带砂则为双峰态。

(2)中值粒度(M_z):代表沉积介质的平均动能。海滩环境中沿滨面→内滨→前滨的方向,中值粒度有变大再变小的趋势,水介质的能量也有先增大后变小的趋势,内滨能量最强。

(3)标准偏差(σ_I):也叫分选系数,表示沉积物粒度的分选程度,即颗粒大小的均匀性。海滩砂在波浪反复的淘洗下,只留下与该动力相适应的那部分粒径。因此,海滩砂的分选系数要比河流高得多。

(4)偏态(SK_I):偏态是测量颗粒频率分布的不对称程度。一般河口、海滩沉积物多为负偏态,沙丘砂及风成砂则多为正偏态。

(5)峰态(K_G):表达颗粒频率曲线尖锐或钝圆的程度。风成砂、海滩砂的粒度一般比较集中,因此它们的频率曲线要比河口砂、河流砂更尖锐。

2. 沉积环境的判别函数

通过各种沉积环境中的粒度参数统计分析,获取不同沉积环境之间的判别函数(Sahu, 1964)。

(1)风成沙丘与海滩:

$$Y_{风成:海滩} = -3.5688 M_z + 3.7016 \sigma_I^2 - 2.0766 SK_I + 3.1135 K_G \tag{6-8}$$

判别值:$Y<-2.7411$ 为风成环境,$Y>-2.7411$ 为海滩环境;$\overline{Y}_{风成}=-3.0973$,$\overline{Y}_{海滩}=-1.7824$。

(2)海滩与浅海:
$$Y_{海滩:浅海}=15.6534M_z+65.7001\sigma_I^2+18.1071SK_I+18.5053K_G \qquad (6-9)$$
判别值:$Y<65.3650$ 为海滩环境,$Y>65.3650$ 为浅海环境;$\overline{Y}_{海滩}=51.9536$,$\overline{Y}_{浅海}=104.7536$。

(3)浅海与河流(三角洲):
$$Y_{浅海:河流}=0.2852M_z-8.7604\sigma_I^2-4.8932SK_I+0.0482K_G \qquad (6-10)$$
判别值:$Y>-7.4190$ 为浅海环境,$Y<-7.4190$ 为河流环境;$\overline{Y}_{浅海}=-5.3167$,$\overline{Y}_{河流}=-10.4418$。

(4)河流(三角洲)与浊流:
$$Y_{河流:浊流}=0.7215M_z-0.4030\sigma_I^2+6.7322SK_I+5.2927K_G \qquad (6-11)$$
判别值:$Y>9.8433$ 为河流环境,$Y<9.8433$ 为浊流环境;$\overline{Y}_{河流}=10.7115$,$\overline{Y}_{浊流}=7.9791$。

3. 用粒度分析图判别沉积环境

粒度分析中的直方图、累积频率曲线和概率累积曲线都可以用于判别沉积环境。

1)直方图

直方图的优点是沉积物的粒度分布状况一目了然,包括粒度的分布范围、各个粒级的百分比以及粒度的众数等情况:①水下冲积扇多众数,没有优势众数,说明分选特别差(图6-8a),具迅速堆积的特点;②辫状河样式更接近冲积扇,但粒度明显向更细的集中(1~2.5Φ,图6-8b);③曲流河沉积分选中等,水流的能量较强,粒度集中分布在2~3.5Φ范围(中—细砂岩,图6-8c);④海滩砂粒度非常集中,虽然也分布在2~3.5Φ范围内,但最集中的是2.5~3Φ(超过50%,图6-8d),说明分选非常好;⑤分选最好的是风成砂,大部分颗粒大小集中分布在1.5~2.5Φ(约占90%)。

2)累积频率曲线

累积频率曲线的形态特征可以反映沉积环境的变化:中间近似直线部分的斜率代表分选;两端所占比例反映滚动总体和悬浮总体所占比例及特征;总体形态还可以判别流体的搬运方式是重力流还是牵引流。

图6-6是长江三角洲各亚环境的累积曲线图,从河流到前三角洲沉积,曲线的变化非常有规律,即:粒度由粗变细,分选逐渐变差;悬浮总体所占比例逐渐升高;并从牵引流(左边4条曲线)向重力流(最右边曲线)过渡。

3)概率累积曲线

概率累积曲线可以清晰地反映悬浮总体、跳跃总体和滚动总体的存在,所占比例以及分选情况。因此,这种曲线很好地揭示了不同环境的水动力条件变化及其所带来的搬运方式的变化。

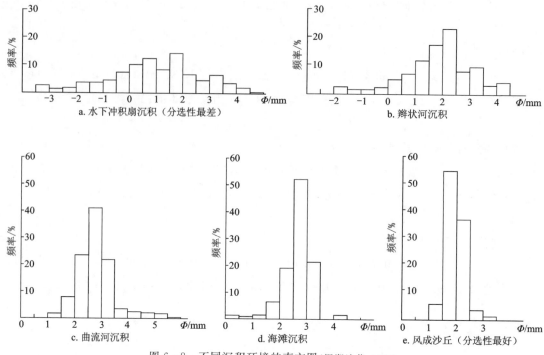

图6-8 不同沉积环境的直方图(据郑浚茂,1982)

图6-9是从陆地到海洋各种环境的概率累积曲线,曲线说明:泥石流-浊流沉积和风成沙丘沉积的概率曲线是两个极端的情况,前者只有单一的悬浮总体,几乎没有分选;而后者几乎只有单一的跳跃总体,分选极好;其他环境均介于两者之间。

把概率累积曲线组成一起,可以看到规律性的变化(图6-9):①从浊流到网状河、蛇曲河、三角洲、堡坝、浅滩,再到沿岸风成沙丘,悬浮总体占比逐渐减少,跳跃总体逐渐增加,细截点(图6-7中"S"处)从粗变细;②牵引总体的变化也有规律,辫状河都是粗粒的(<1Φ),河口三角洲和浅滩都是细粒的(<2Φ),曲流河没有特别细粒的牵引总体。

在同一个环境,不同的亚环境水动力环境不同,所表现的粒度分布差别很大。这反映在概率累积曲线上,就出现各种样式的组合特征。比如海滩环境(图6-10),从陆地到海洋,颗粒的粒度分布也是有规律的,具体如下。

(1)风成砂带有两种情况:一种是远离海岸线的风成砂,只有一个跳跃组分;另一种是靠近海岸线的风成砂,有双跳跃组分,说明海滩砂受到了风力的改造。

(2)潮上带的粒度曲线有双跳跃总体,表明其具备海滩砂冲洗和回流的水动力特点;滚动总体较风成砂明显增大,说明受到了风暴流的强水动力的影响。

(3)潮间带沉积物的分选好,跳跃总体的斜率增大,也是双跳跃总体。粒度概率曲线也有两种情况:上部颗粒较粗,但分选较差;下部颗粒较细,分选较好。

(4)潮下带颗粒细,分选明显偏差,表明只受到低能的波浪改造。

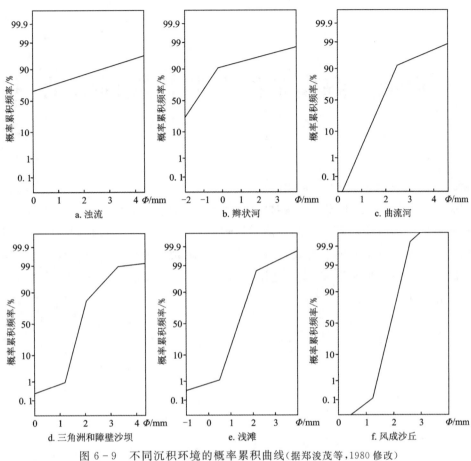

图 6-9　不同沉积环境的概率累积曲线（据郑浚茂等，1980 修改）

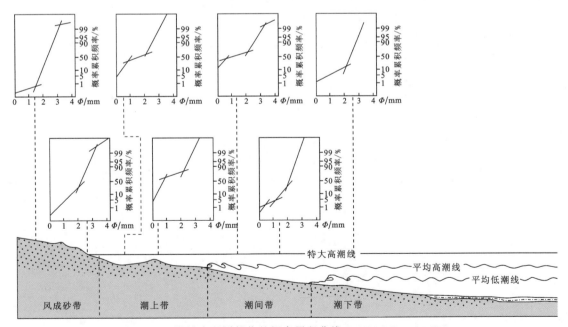

图 6-10　海滩中不同部位的概率累积曲线（据严钦尚等，1981 修改）

附录　海岸带综合调查规程节录

　　本书附录部分包括9个,具体为:附录1中国地质年代及地质、生物演化表;附录2国际年代地层表(2021);附录3《海岸带调查技术规程》简介;附录4海岸带调查技术规程(节录);附录5全国海岸带和海涂资源综合调查简明规程(节录);附录6分析(筛析法)记录表(规范性附录);附录7粒度分析成果汇总表(规范性附录);附录8碎屑矿物分析成果汇总表(规范性附录);附录9碎屑矿物鉴定表(规范性附录)。因部分技术规程内容较多,为突出主题,本书仅节选了相关重要内容列出。

附录1 中国地质年代及地质、生物演化表

地质年代(地层单位)				同位素年龄/Ma		构造阶段		生物演化阶段		中国主要地质、生物现象
宙(宇)	代(界)	纪(系)	世(统)	时间间距	距今年龄	大阶段	阶段	动物	植物	
显生宙 PH	新生代 Cz	第四纪 Q	全新世 Qh	2.58	2.58	联合古陆解体	喜马拉雅阶段(新阿尔卑斯阶段)	人类出现	被子植物繁盛	冰川广布,黄土生成,人类出现
			更新世 Qp							
		新近纪 N	上新世 N₂	20.45	23.03			哺乳动物繁盛		哺乳类继续发展,体型变大,西部造山运动,东部低平,湖泊广布
			中新世 N₁							
		古近纪 E	渐新世 E₃	42.97	66.0					哺乳类分化
			始新世 E₂							蔬果繁盛,哺乳类急速发展(我国尚无古新世地层发现)
			古新世 E₁							
	中生代 Mz	白垩纪 K	晚白垩世 K₂	79	145.0		燕山阶段(老阿尔卑斯阶段)	无脊椎动物继续发展	裸子植物繁盛	造山作用强烈,岩浆岩矿产生成,中国山脉形成,动物以恐龙最盛,但末期逐渐灭绝
			早白垩世 K₁					爬行动物繁盛		
		侏罗纪 J	晚侏罗世 J₃	56.3	201.3					爬行动物尤其恐龙极盛,中国山系全部形成,大陆煤田形成;植物中苏铁、银杏繁茂
			中侏罗世 J₂							
			早侏罗世 J₁							
		三叠纪 T	晚三叠世 T₃	50.6	251.9		印支阶段			中国南部最后一次海侵,恐龙哺乳类发育
			中三叠世 T₂							
			早三叠世 T₁							
	古生代 Pz	晚古生代 Pz₂	二叠纪 P	晚二叠世 P₃	47.0	298.9	联合古大陆形成	印支—海西运动阶段	两栖动物繁盛	蕨类植物繁盛	世界冰川广布,华南最大海侵,造山作用强烈
				中二叠世 P₂							
				早二叠世 P₁							
			石炭纪 C	晚石炭世 C₂	60.0	358.9		海西阶段			气候温热,煤田形成,爬行类昆虫出现,地势低平;岩石为石灰岩、页岩、砂岩
				早石炭世 C₁							
			泥盆纪 D	晚泥盆世 D₃	60.3	419.2			鱼类繁盛	裸蕨植物繁盛	森林发育,腕足类、鱼类极盛,昆虫、原始两栖类出现;岩石多为砂岩、页岩等
				中泥盆世 D₂							
				早泥盆世 D₁							
		早古生代 Pz₁	志留纪 S	普里多利世 S₄	24.6	443.8		加里东阶段	海生无脊椎动物繁盛	藻类及菌类繁盛	腕足类、珊瑚繁荣,晚期出现原始鱼类,气候局部干燥,末期造山运动强烈
				拉德洛世 S₃							
				温洛克世 S₂							
				兰多维列世 S₁							
			奥陶纪 O	晚奥陶世 O₃	41.6	485.4					地势低平,海水广布,无脊椎动物三叶虫、笔石极盛,末期华北上升起,岩石以石灰岩和页岩为主
				中奥陶世 O₂							
				早奥陶世 O₁							
			寒武纪 ∈	芙蓉世 ∈₄	55.6	541.0			硬壳动物盛		陆地下沉,北半球被海水淹没,浅海广布,生物开始大量繁殖,以三叶虫、低等腕足类为主
				苗岭世 ∈₃							
				第二世 ∈₂							
				纽芬兰世 ∈₁							
元古宙 PT	新元古代 Pt₃	埃迪卡拉纪		94	635	地台形成	晋宁阶段	裸露动物盛		地形不平,冰川广布,晚期海侵加剧
		成冰纪		85	720					
		拉伸纪		280	1000			真核生物出现(绿藻)		沉积层厚,造山变质强烈,岩浆岩矿产生成
	中元古代 Pt₂	狭带纪		200	1200					
		延展纪		200	1400					
		盖层纪		200	1600					
	古元古代 Pt₁	固结纪		200	1800		吕梁阶段(形成华北地台)			早期基性喷发,继以造山作用,变质强烈,花岗岩侵入
		造山纪		250	2050			原核生物出现		
		层侵纪		250	2300					
		成铁纪		200	2500					
太古宙 AR	太古代 Ar	新太古代		300	2800	陆核形成	五台运动	开始出现生命现象		地壳局部变动,大陆开始形成
		中太古代		400	3200		阜平运动			
		古太古代		400	3600		迁西运动			
		始太古代		400	4000					
冥古宙 HD				600	4600			岩石主要是片麻岩,成分复杂,沉积岩没有生物化石		

注:据范存辉等,2016。

附录 2 国际年代地层表（2021）

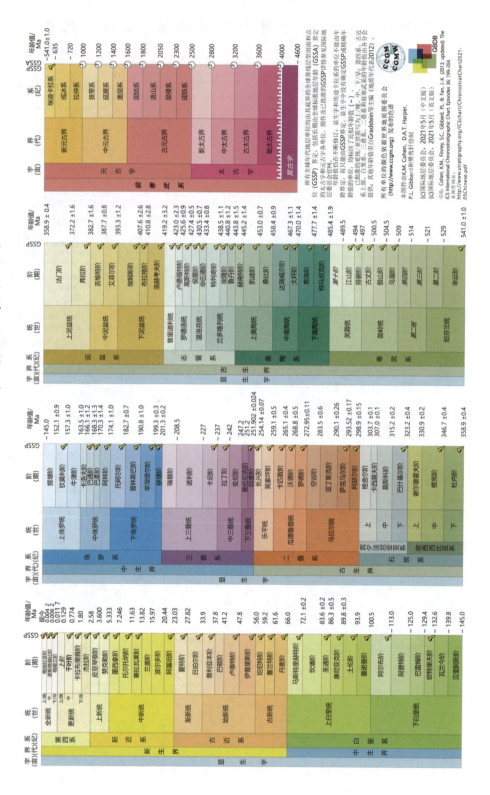

附录3 《海岸带调查技术规程》简介

《海岸带调查技术规程》是国家海洋局在执行"我国近海海洋综合调查与评价专项"(简称908专项)过程中编写的,由海洋出版社于2005—2006年出版发行了总论和各分册,简述如下(国家海洋局908专项办公室,2005)。

总论《海岸带调查技术规程》:以《我国近海海洋综合调查与评价专项技术规程》的海岸带调查的内容、方法和技术要求为基础编制,是我国近海海洋综合调查与评价专项中海岸带调查的基本依据。

分册1《海洋物理调查技术规程》:对近海重力、地磁、单道地震和浅层剖面的调查范围、调查方法、技术指标、资料处理及图件绘制的有关要求作出了相应的规定。该规程旨在通过获取的地球物理场、基底结构、主要断裂和区域沉积分布的数据资料,研究我国近海的地质构造环境特点、资源分布和地质灾害状况,为海洋资源合理开发利用、海洋综合管理、国防建设提供科学依据,也为推动沿海经济持续发展和维护良好的海洋生态环境提供基础数据。

分册2《海洋化学调查技术规程》:主要内容为近海海洋化学基础调查,全面、精细勘测近海海洋环境质量状况和海洋资源储量、种类、质量和分布,比较系统、完整地编制出海洋化学图件,为维护国家权益和国际海洋新秩序、统筹海洋开发与整治、制定海洋资源开发与环境保护规划、合理利用海洋资源与能源、实施"科教兴海"战略和建立海洋综合管理体制服务。为了实施"我国近海海洋综合调查与评价专项"中"近海海洋化学调查"项目的需要和保证海洋化学调查的成果质量,根据专项总体实施方案对海洋化学调查提出具体要求,吸收国外先进经验,制定《海洋化学调查技术规程》。

分册3《海岛海岸带卫星遥感调查技术规程》:对我国海岛海岸带卫星遥感调查的具体内容的编制,该规程是我国海岛海岸带卫星遥感调查的主要依据。

分册4《海岛调查技术规程》:根据已有的规范和技术标准,结合了专项目标与海岸调查的特点,对海岛调查的技术规程作出了明确规定。

分册5《海洋水文气象调查技术规程》:根据我国已有的规范和技术标准,吸收国外先进经验,编写了"我国近海海洋综合调查与评价专项"中的《近海海洋水文气象调查技术规程》。该规程包括海洋水文、海洋气象和海气边界层等内容。

分册6《海洋生物生态调查技术规程》:为了实施"我国近海海洋综合调查与评估专项"中"近海海洋生物调查"项目的需要和保证生物生态调查的成果质量,根据专项总体实施方案对海洋生物生态调查提出具体要求,吸收国外先进经验,制定《海洋生物生态调查技术规程》。

附录4 《海岸带调查技术规程》(节录)

一、海岸线调查

1. 调查内容

调查内容:海岸线类型、长度及分布、岸线变迁等。
海岸线类型划分见附表4-1。

附表4-1 海岸线类型

一级类	二级类
自然岸线	基岩岸线
	砂质岸线
	粉砂淤泥质岸线
人工岸线	包括人工岸线性质、修建时期等

2. 调查方法与技术要求

以实地勘测和遥感调查为主,结合调访和地形图及历史资料进行分析综合。
1)资料收集
(1)海岸带遥感资料。
(2)地形图、海图、海岸带有关图集。
(3)海岸线变迁调查资料。
(4)各类海洋海岸工程建设项目有关资料。
(5)大地测量成果资料(水准点、三角点等)。
(6)地方志、水利志、交通志等志书。
2)调查路线与观测点布设
(1)调查路线沿海岸线布设,观测点间距原则上平均2km(岸线曲折度大测点适当加密),进行岸线位置测量。
(2)岸线测量点应有代表性,能真实反映海岸线现状。
(3)在变化复杂及有特殊意义的岸段应加密观测点(不同岸线类型交界点、特殊地貌类型及其边界处、人为因素对海岸线有特殊影响处等)。
3)野外观测:在规定使用的工作用图上标明观测点位置、海岸线类型、海岸形态及动态、冲淤特征等(人工岸线要标明人工岸线的性质等)。
(1)观测基本内容及要求:①野外观测时,应采用本规程规定的图例符号,必要时可适当增补;②在岸线类型分界处应在底图上具体标出;③野外填图的界线分别用实线和虚线代表实测和推测界线;④在冲淤变化强烈区域应用具体符号进行标绘;⑤各测点应填入岸线测量登记表(附表4-2)。

附表4-2 岸线测量登记表

站号	经度	纬度	岸线类型	定位时间	定位者	动态变化	备注

(2)观测记录:①观测点应按调查规定编号;②对典型岸段现象应绘制素描图、照相或摄像;③观察记录必须注明工作时间、工作期间的天气和海况;④观察记录须详细,测量数据要正确。

4)调查仪器及要求

(1)岸线位置采用 DGPS 系统定位,仪器标称准确度优于1m。

(2)音像采集使用数字格式设备。

5)室内资料整理与分析

(1)站位校核。

(2)整理外业记录,照片编号。

(3)现场调查、历史资料、遥感调查数据综合分析。

3. 主要成果

1)专题图件

(1)海岸线类型与分布。

(2)海岸稳定性类型与分布。

(3)成图比例尺为1:50 000,图式见附表4-3。

(4)专题图件编绘见附表4-4。

附表4-3 我国大陆海岸线类型及稳定性图式

类别	式样	宽度	颜色(RGB)
砂质海岸		图上0.5cm	边框:0,0,0 图案:255,255,0
淤泥质海岸		图上0.5cm	边框:0,0,0 图案:204,255,204
生物海岸		图上0.5cm	边框:0,0,0 图案:0,255,0

续附表 4－3

类别	式样	宽度	颜色（RGB）
基岩海岸		图上 0.5cm	边框：0,0,0 图案：255,204,0
人工海岸		图上 0.5cm	边框：0,0,0 图案：51,153,102
稳定		图上 0.5cm	边框：0,0,0 图案：0,0,0
侵蚀		图上 0.5cm	边框：0,0,0 图案：255,0,0
淤涨		图上 0.5cm	边框：0,0,0 图案：0,0,255

附表 4－4 专题图件编绘图例系统

分项		具体要求
最小图斑		海岸带各地物类型在图上用面积表示的最小图斑为 25mm²，对于某些有特别意义的重要内容面积小于 25mm² 的用非比例符号表示
色块、符号、线划		各海域使用类型以不同颜色的色块、符号、线划表示
文字注记		水系名称；岛、礁名称；居民地名称；山体名称；海域使用类型区编号
邻区（专题内容区以外的区域）的表示		陆地用浅黄色，山形线用棕色，水系用蓝色；滩地用淡绿色；海域用蓝色系，随地势降低，色调由浅到深，潮水沟用淡蓝
绘图工具		成果图绘制采用计算机制图，数据格式采用".e00"标准格式
图廓整饰	图廓式样	内图廓线粗 0.1mm，外图廓线粗 0.8mm，内图廓线至外图廓线外沿的距离为 10mm。方里网线粗为 0.1mm；图廓边长度误差小于等于图上±0.1mm；对角线、方里网格线长度误差不大于图上±0.3mm；格网交点的直角坐标位移不大于图上±0.6mm
	图廓分化间距	图廓划分间距分为最大分划、次分划、细分划及最小分划 4 级
	经纬线网	图内 10′展绘经纬网线。纬度数字注于纬线上方，如度数与分数同时注出时，度数注于纬线上方，分数注于纬线下方。经度数字注于经线左侧，如度数与分数同时注出时，度数注于经线左侧，分数注于经线右侧
	区域标记	区域标记注出省（自治区、直辖市）、地级市、县（县级市、县级区、自治州）、乡（镇）政府所在地及村庄

2)调查报告

（1）前言，包括任务来源、调查实施单位、调查时间、方法、程序、工作量、主要成果等的简要说明。

（2）自然地理概况。

（3）海岸线调查方法。

（4）海岸线类型与分布。

（5）海岸线变迁特征与评价。

报告编写格式应满足附表 4-5 的要求。

附表 4-5　海岸带地质调查报告编写格式

分项	具体要求
文本规格	文本外形尺寸为 A4(210mm×297mm)
封面格式	第一行书写：××省（自治区、直辖市）（一号宋体，加黑，居中）； 第二行书写：海岸调查报告（一号宋体，加黑，居中）； 第三行书写：报告编制单位全称（三号宋体，加黑，居中）； 第四行书写：××××年××月（小三号宋体，加黑，居中）； 第五行书写：中国，空一格，××（编制单位所在地名）（整行内容四号宋体，加黑，居中）； 以上各行间距应适宜，保持整个封面美观
封里一格式	封里一中应分行写明：调查项目实施单位全称（加盖公章）；项目负责人、技术总负责人、分项目负责人和主要参加人员姓名；报告书编制单位全称（加盖公章）；编制人、审核人姓名；编制单位地址；通信地址；邮政编码；联系人姓名；联系电话；E-mail 地址等内容

3)资料汇编

（1）现场岸线观测原始记录表。

（2）岸线特征点定位测量登记表。

（3）岸线变迁观测记录表。

（4）海岸线特征统计表（类型、长度、行政隶属等）。

（5）典型岸线影像集及登记表等。

二、海岸带地貌和第四纪地质调查

1. 调查内容

（1）海岸带地貌类型、特征与分布。

（2）海岸带第四纪地质特征。

2.调查方法与技术要求

以收集历史调查成果资料为主、以遥感调查分析与现场踏勘调查为辅进行调查。

1)资料收集

(1)沿海遥感资料。

(2)地形图、海图、地貌图、第四纪地质图。

(3)海岸带地貌、第四纪地质相关的调查资料。

(4)沿海工程地质、环境地质图件和资料。

(5)各类海洋海岸工程建设项目有关资料。

(6)地方志等。

2)现场调查

(1)调查剖面设置:在海岸沿程踏勘的基础上,原则上沿海岸线平均间距20km布设1个调查剖面,具体可根据岸段的重要性适当疏密调整。

(2)海岸带地貌特征调查:在变化复杂及有特殊现象的区域应设重点测线(不同地貌类型及其交界处、特殊地貌类型及其转折处、人为因素对地貌和第四纪沉积有特殊影响处等),每个剖面至少要有3个观测点。

(3)海岸带第四纪地质调查:第四纪地质调查应结合地貌剖面调查综合进行,并要求穿过不同的第四纪沉积类型及其交界处,在第四纪地层的天然和人工剖面处要布点进行观测。

3)调查仪器

(1)观测点定位使用DGPS,准确度优于1m。

(2)音像采集采用数字格式设备。

4)室内资料整理分析

(1)站位校核。

(2)整理外业记录,照片编号。

(3)现场调查、历史资料、遥感调查数据综合分析。

3.主要成果

1)专题图件

(1)海岸带第四纪地质图。

(2)海岸带地貌类型分布图,地貌类型见附表4-6。

(3)成图比例尺为1:50 000,图式见附表4-7。

(4)图例系统见附表4-4。

2)调查报告

(1)前言,包括任务来源、调查实施单位、调查时间、方法、程序、工作量、主要成果等的简要说明。

(2)自然地理概况。

(3)海岸带地貌类型与分布。

附表 4-6 地貌分类表

一级类	二级类	三级类	四级类	一级类	二级类	三级类	四级类
地貌	陆地地貌类型	侵蚀剥蚀地貌	中山(＞1000m)	地貌	潮间带地貌类型	潮滩	淤泥滩
			低山(500～1000m)				粉砂—淤泥滩
			高丘陵(200～500m)				粉砂滩
			低丘陵(50～200m)				贝壳堤
			台地				贝壳沙滩
			平原				贝壳沙堤
		流水地貌	洪积台地				芦苇滩
			洪积平原				泥坎
			洪积冲积平原				盐蒿滩
			冲积平原				草滩
		湖成地貌	冲积湖积平原				潮沟
			湖积平原			岩滩	海蚀阶地
		构造地貌	熔岩丘陵				古海蚀崖
			熔岩台地				海蚀柱
			活动断裂				海积阶地
			断层崖				海蚀沟
			沉陷盆地				海穹石
			地震断裂				阶地陡坎
			温泉				老海蚀穴
		重力地貌	山麓堆积坡				礁石
			花岗岩崩坍堆积坡				海蚀崖
			滑坡				海蚀穴
			倒石堆				海蚀残丘
		风成地貌	沙地			海滩(含砾石滩)	连岛沙坝
			沙丘				沿岸沙堤
		海成地貌	冲积海积平原				水下沙堤
			三角洲平原				离岸沙坝
			潟湖平原				贝壳沙坝
			海积平原				潟湖
	人工地貌类型		盐田				潮汐通道
			养殖场				冲积扇
			港口码头				沙滩
			人工岛				海滩岩
			水库				海滨沙丘
			海档				滩脊
			防潮闸				沙嘴
			桑(蔗)基鱼塘				砾石堤
			防护林				砾石滩
	潮间带地貌类型	河口	入海水道				沙砾滩
			河口沙坝			礁坪	桌礁
			河口冲刷槽				环礁
			河口沙嘴				岸礁
			河口边滩				礁塘
			拦门沙				隆起礁

附表 4-7　海岸带地貌图式

成因形态类型	地貌名称	式样	颜色(RGB)	成因形态类型	地貌名称	式样	颜色(RGB)
陆地	侵蚀剥蚀中山	1	192,48,0	陆地	三角洲平原	16	80,255,255
	侵蚀剥蚀低山	2	255,64,0		潟湖平原	17	176,255,255
	侵蚀剥蚀高丘陵	3	255,122,64		海积平原	18	160,224,255
	侵蚀剥蚀低丘陵	4	255,148,112		风成沙丘	19	255,236,176
	侵蚀剥蚀台地	5	208,104,0	潮间带	海滩	20	255,192,128
	侵蚀剥蚀平原	6	255,168,80		潮滩	21	112,255,184
	熔岩丘陵	7	225,0,0		岩滩	22	180,120,80
	熔岩台地	8	225,80,80		礁坪	23	230,100,50
	洪积台地	9	208,156,0	海滩	水下浅滩	24	176,190,176
	洪积平原	10	255,192,0		水下三角洲	25	176,210,176
	洪积冲积平原	11	0,176,0		水下古三角洲	26	176,210,220
	冲积平原	12	80,255,80		潮流三角洲	27	176,210,240
	冲积湖积平原	13	144,255,144		潮流脊系	28	176,180,240
	湖积平原	14	0,160,160		海底平原	29	176,150,230
	冲积海积平原	15	0,208,208		海底冲蚀平原	30	150,140,255

三、岸滩地貌与冲淤动态调查

1. 调查内容

(1)潮间带类型、面积及分布,潮间带类型见附表 4-8。
(2)岸滩地貌类型及分布特征。
(3)典型岸滩剖面综合观测,包括类型、形态、成因及其相互关系。
(4)典型岸滩动态及人为活动的影响等。

附表 4-8　潮间带类型

调查内容	潮间带类型				
名称	基岩岸滩	砂质海滩	砾石滩	粉砂淤泥质滩(潮滩)	生物滩

2. 调查方法与技术要求

根据海岸线沿程踏勘、典型岸滩剖面综合观测,结合不同历史时期海图、地形图、多时相遥感资料进行对比分析,充分利用"我国近海海岸综合调查与评价专项"中的"遥感调查专项"的有关调查成果。

1) 资料收集
(1) 不同时相的遥感资料。
(2) 地形图、海图、海洋功能区划图、规划图等。
(3) 有关岸滩地貌与冲淤动态调查资料。
(4) 岸滩及附近动力、泥沙、沉积、人为活动等资料。
(5) 沿海工程地质、环境地质图件和资料。
(6) 各类海洋海岸工程建设项目有关资料。
(7) 地方志、水利志、交通志等。

2) 现场调查路线、剖面、观测点设置
(1) 结合海岸线勘测,沿程进行岸滩地貌类型及分布观测,在变化复杂及有特殊现象的区域应设观测点(不同潮间带类型及其交界处、特殊地貌类型及其转折处、人为因素对岸滩地貌有特殊影响处等)。
(2) 典型岸滩剖面综合观测,剖面一般间距不大于 20km。
可根据岸段的重要性、历史资料和开发利用情况,选择有代表性的岸段设置观测剖面,尤其在潮间带典型发育及近几十年来岸滩变化明显的岸段加密布设,必要时可进行重复观测。

3) 调查仪器
(1) 调查仪器采用 DGPS、RTK 系统或全站仪等。
(2) 测量仪器准确度:平面定位要达到亚米级,高程要达到厘米级。

4) 野外调查记录
(1) 观测点应按调查规定编号,准确记录位置并在工作底图上标明。
(2) 在冲淤变化强烈区域应用具体符号进行标绘。
(3) 对典型岸段现象应绘制素描图或拍摄照片与摄像。
(4) 观察记录须详细,测量数据要正确。
(5) 各观测点应填入附表 4-9。

附表 4-9 采样站位汇总表

野外编号	名称	纬度	经度	产地、产状、层位

制表人:_____   审核者:_____

5)室内分析

(1)站位校核。

(2)整理外业记录,照片编号。

(3)现场调查、历史资料和遥感调查数据的综合分析。

3．主要成果

1)专题图件

(1)岸滩地貌类型与分布。

(2)岸滩稳定性类型与分布。

(3)典型岸滩地形和地貌剖面。

平面成图比例尺为1∶50 000,图件图式见附表4－7和附表4－10。

专题图件编绘要求见附表4－4。

附表4－10　岸滩冲淤变化图式

类别	式样	宽度	颜色(RGB)
稳定		图上0.5cm	边框:0,0,0;图案:0,0,0
微侵蚀		图上0.5cm	边框:0,0,0;图案:255,0,0
侵蚀		图上0.5cm	边框:0,0,0;图案:255,0,0
强侵蚀		图上0.5cm	边框:0,0,0;图案:255,0,0
严重侵蚀		图上0.5cm	边框:0,0,0;图案:255,0,0
淤涨		图上0.5cm	边框:0,0,0;图案:255,0,0

2)调查报告

(1)前言,包括任务来源、调查实施单位、调查时间、方法、程序、工作量、主要成果等的简要说明。

(2)自然地理概况。

(3)潮间带类型、面积与分布。

(4)岸滩地形与地貌:①地形与地貌特征;②主要地貌类型及分布;③岸滩地形地貌剖面特征。

(5)岸滩动态变化分析。

报告编写格式应满足附表4－5的要求。

3)资料汇编

(1)岸滩剖面地形地貌观测记录表。

(2)潮间带类型观测记录表。

(3)调查影像集及登记表等。

附录5 《全国海岸带和海涂资源综合调查简明规程》(节录)

一、海岸带调查的内容

海岸带调查是多学科的综合性调查,各学科研究程度不同,调查方式各异。它主要通过现场调查取得第一手资料,有的项目可通过收集资料进行整编,或在已有工作的基础上进行补充调查(全国海岸带和海涂资源综合调查简明规程编写组,1986)。各学科的调查内容如下。

1. 气候

气温、降水、风和气压、湿度、雾、霜、日照等气候要素,以及台风、寒潮、霜冻、低温阴雨、雾、大风、暴雨、冰雹等灾害性气候。

2. 水文

水深、潮位、潮流、海流、波浪、泥沙、盐度、水温、海冰、水色、透明度;河流流量与运流深、化学运流、泥沙与侵蚀模数、地区水量平衡。

3. 海水化学

盐度、pH值、溶解氧、活性磷酸盐、活性硅酸盐、硝酸盐、氨、亚硝酸盐。

4. 地质

地层、岩浆活动、地质构造、矿产资源、水文地质、工程地质。

5. 地貌

海岸及毗邻陆地地貌、第四纪地质、新构造运动、海岸变迁;底质、沉积结构与构造;浅滩动力、浅滩地形测量、岸滩冲淤动态、泥沙流;各类海岸(基岩海岸、砂砾质海岸、淤泥质海岸、珊瑚礁海岸、红树林海岸)。

6. 土壤

土壤类型、化学特征、土壤肥力、分布规律。

7. 植被、林业

植物资源、植被资源、森林资源和造林树种资源,以及其分布与演变。

8. 生物

浮游生物、底栖生物、潮间带生物、游泳生物、微生物。

9. 环境

土壤污染、水污染、生物污染、污染源。

10. 土地利用现状

土地类型、土地利用现状,各类土地的数量和质量评价。

11. 社会经济调查

基本情况、城镇、工业、农业、交通、旅游、资源开发利用现状。

12. 海岸带资源综合评价与开发利用设想

基于资源利用、生态环境、经济增长和社会发展等方面选取量化指标。

13. 图集编辑大纲

分幅、数学基础、地理底图、专题图、作者原图、出版原图、编图技术规定。

二、海岸带调查主要技术方法

海岸带调查是一项复杂的系统工程,由不同工作原理、工作平台、学科门类及评价技术的调查方法体系组成,需要相应的技术方案、标准规范以及相关的设备人员作支撑,并提供评价预测等成果(李平等,2019)。海岸带调查大致经历了以下3个阶段。

(1)起步阶段(1950s—1980s):器测短缺,以人工调查为主,调查潮上带、潮间带。

(2)发展阶段(1980s—2000s):大量引进国外仪器,调查内容、范围与深度深化,调查潮下带。

(3)快速发展阶段(2000s—现在):以数字调查为特征,采用卫星遥感、摄影测量等新技术方法,形成大数据、云计算,并逐步数据智能化采集,进行陆海空天立体调查。

海岸带调查技术方法根据调查要素、技术手段、调查区域进行类型划分(附表5-1)。

三、海岸带调查应提交的成果

1. 基本资料汇编

具体详内容见各篇要求(全国海岸带和海涂资源综合调查简明规程编写组,1986)。

2. 海岸带图集

省区总图,地形图,气候图,潮汐、波浪、海流图,盐度、活性磷酸盐分布图,溶解氧、pH值分布图,地质图,第四纪地质图,水文地质图,底质图,地貌图,土壤图,植被图,浮游植物图,浮游动物图,底栖生物图,潮间带生物图,游泳生物(鱼类)图,环境质量状况图,土地利用现状图及综合开发利用设想图共21幅。

附表 5-1　海岸带调查主要技术方法（据李平等，2019）

分类依据	类型	主要技术方法
调查要素	水深地形	单波/多波束水深测量、激光雷达及蓝光测深、三维激光扫描、断面地形测量
	水文气象	座底式水动力测量、多普勒浪流测量、锚系浮标动力测量、定点原位动力测量、自容式水动力测量、走航式水动力观测、岸基气象观测
	岸滩动态测量	岸线实测、不同期次影像解译、不同期次水深地形对比、无人机航测、ARGUS影像监测、海岸侵蚀监测仪定点测量
	土壤植被	遥感影像判读、样方测量、路线法调查
	地貌与第四纪地质	手绘填图、器测与取样分析
	生物化学	现场取样、室内测试、船基走航测量
地貌部位	潮上带	航空摄影测量反演、陆地雷达
	潮间带	两栖作业平台及滩涂爬行器走航测量与取样
	潮下带、水下岸坡	船基测量
调查手段	航空卫星	航空遥感、卫星遥感、无人机摄影
	原位测试	浮台基测量、船基观测、座底三角架、ARGUS影像系统
	平台基调查	科考船、无人艇、浮潜标平台
	徒步调查	手持式测量、断面取样与测量

3. 文字报告

(1) 海岸带综合调查报告。

(2) 海岸带各专业调查报告（含海岸带综合开发利用设想）。

附录6 分析(筛析法)记录表(规范性附录)

位置:_____ 送样单位:_____ 分析日期:___年___月___日 第___页

站 号		瓶 号		层 位		水 深	
皿 号	皿干重	皿重	干样重	筛前重	淘失重	筛后重	校正系数
粒径/mm	皿 号	皿干重	皿重	干样重	频率/%	校正/%	累积/%
>2.00							
2.00~1.60							
1.60~1.25							
1.25~1.00							
1.00~0.80							
0.80~0.71							
0.71~0.63							
0.63~0.50							
0.50~0.40							
0.40~0.355							
0.355~0.315							
0.315~0.25							
0.25~0.20							
0.20~0.18							
0.18~0.154							
0.154~0.125							
0.125~0.10							
0.10~0.09							
0.09~0.076							
0.076~0.063							
0.063~0.05							
0.05~0.045							
0.045~0.0385							
<0.0385							

测定者:_____ 计算者:_____ 校对者:_____ 审核者:_____

注:据国家海洋局908专项办公室,2005。

附录7 粒度分析成果汇总表(规范性附录)

第_____幅

序号	站号/孔号	层位/cm	砾石/mm			砂/mm				粉砂/μm			黏土/μm		粒级含量/%				名称代号	粒度系数 Φ			
			>4	4~2	2~1	1~0.5	0.5~0.25	0.25~0.125	0.125~0.063	63~32	32~16	16~8	8~4	4~2	2~1	<1	砾	砂	粉砂	黏土		Md	Qd	Sk	Do

制表者:_____ 审核者:_____

注:据国家海洋局908专项办公室,2005修改;Md为中值粒度,Qd为分选系数(标准偏差),Sk为偏态,Do为峰态;以上4个变量对应正文中计算公式中的M_z、σ_1、SK_1和K_G。

附表 8 碎屑矿物分析成果汇总表（规范性附录）

地区：　　单位：%

序号	站号	层位/cm	重矿物																					轻矿物				总含量	备注
			普通角闪石	透闪石	绿帘石	磁铁矿	钛铁矿	赤铁矿	褐铁矿	黑云母	白云母	绿泥石	辉石	锆石	榍石	电气石	磷灰石	石榴子石	十字石	金红石	独居石	黄铁矿	白钛石	锐钛石	紫苏辉石	重晶石	阳起石	石英	正长石	斜长石	方解石		

制表者：　　　　　　　审核者：

注：据国家海洋局 908 专项办公室，2005。

附录9 碎屑矿物鉴定表(规范性附录)

送样单位：_____   鉴定日期：___年___月___日   第___页

样品产地		野外编号		室内编号		取样深度		重矿物质量	
沉积物名称		样品总重		鉴定粒级		粒级质量		轻矿物质量	

重矿物部分	矿物名称	颗粒百分含量	矿物描述	颗粒数	轻矿物部分	矿物名称	颗粒百分含量	矿物描述

备注	

鉴定者：_____   审核者：_____

注：据国家海洋局908专项办公室,2005。

参考文献

常丽华,陈曼云,金巍,等,2006.透明矿物薄片鉴定手册[M].北京:地质出版社.
陈洪德,严钦尚,项立嵩,1982.舟山朱家尖岛现代海岸沉积[J].华东师范大学学报(自然科学版)(2):77-91.
范存辉,杨西燕,苏培东,等,2016.地质学概论[M].北京:科学出版社.
方少木,1980.矿物岩石肉眼鉴定[M].北京:煤炭工业出版社.
冯士筰,李凤岐,李少菁,1999.海洋科学导论[M].北京:高等教育出版社.
国家海洋局908专项办公室,2005.海岸带调查技术规程[M].北京:海洋出版社.
乐昌硕,1984.岩石学[M].北京:地质出版社.
李博文,1990.多重地层划分理论及其在甘肃的应用问题[J].中国区域地质(4):379-384+372.
李德惠,1984.晶体光学[M].北京:地质出版社.
李平,谷东起,杜军,等,2019.海岸带及其调查技术进展[J].海岸工程,38(1):32-39.
李石,王彤,1981.火山岩[M].北京:地质出版社.
李永军,梁积伟,杨高学,等,2014.区域地质调查导论[M].北京:地质出版社.
刘宝珺,1980.沉积岩石学[M].北京:地质出版社:307-319.
潘桂棠,陈智樑,李兴振,等,1996.东特提斯多弧-盆系统演化模式[J].岩相古地理,4(2):52-65.
潘桂棠,陆松年,肖庆辉,等,2016.中国大地构造阶段划分和演化[J].地学前缘,23(6):1-23.
潘桂棠,肖庆辉,陆松年,等,2009.中国大地构造单元划分[J].中国地质,36(1):1-28.
邱家骧,1985.岩浆岩石学[M].北京:地质出版社.
邱家骧,林景千,1991.岩石化学[M].北京:地质出版社.
全国地层委员会,1981.中国地层指南及中国地层指南说明书[M].北京:科学出版社.
全国海岸带和海涂资源综合调查简明规程编写组,1986.全国海岸带和海涂资源综合调查简明规程[M].北京:海洋出版社.
仇大海,蒋炜,牛海波,等,2010.遥感影像分辨率分析技术在滑坡研究中的应用[J].地质灾害与环境保护,21(1):105-108.
孙鼐,彭亚鸣,1985.火成岩石学[M].北京:地质出版社:89-97.
孙涛,2006.新编华南花岗岩分布图及其说明[J].地质通报,25(3):332-337.

孙永传,李蕙生,1986.碎屑岩沉积相和沉积环境[M].北京:地质出版社.

王爱军,高抒,杨旸,2004.浙江朱家尖岛砾石海滩沉积物分布及形态特征[J].南京大学学报(自然科学版),40(6):747-759.

王对兴,王青春,王立峰,等,2010.岩石学实验教程[M].北京:地质出版社.

王家生,喻建新,江海水,等,2011.北戴河地质认识实践教学指导书[M].武汉:中国地质大学出版社.

汪豫忠,1995.舟山群岛地区的地质构造背景[J].华南地震,15(1):55-61.

温家宝,2016.温家宝地质笔记[M].北京:地质出版社.

徐开礼,朱志澄,1989.构造地质学[M].北京:地质出版社.

杨文采,于常青,2015.根据形成地质作用对中国大陆岩石圈作构造分区[J].地质论评,61(4):709-716.

严钦尚,项立嵩,张国栋,等,1981.舟山普陀山岛现代海岸带沉积[J].地质学报(3):205-215.

严伟,李景忠,2007.舟山市定海区地质灾害调查及其防治研究[J].中国水运,7(3):108-110.

尤仲杰,王一农,1988.舟山朱家尖岛潮间带软体动物生态学研究Ⅱ.软相生态[J].浙江水产学院学报,7(1):47-52.

曾广策,邱家骧,1996.碱性岩的概念及其分类命名综述[J].地质科技情报,15(1):31-37.

张国栋,王益友,朱静昌,等,1987.现代滨岸风暴沉积:以舟山普陀山岛、朱家尖岛为例[J].沉积学报,5(2):17-28+146-147.

张国全,王勤生,俞跃平,等,2012.浙江东部火山岩地区的地层时代和划分[J].地层学杂志,36(3):641-652.

张克信,潘桂棠,何卫红,等,2015.中国构造-地层大区划分新方案[J].地球科学——中国地质大学学报,40(2):206-233.

张宁,陈礼明,1990.闽南地区花岗岩风化壳的分带及特征[J].福建地质,9(3):177-185.

张鹏飞,1990.沉积岩石学[M].北京:煤炭工业出版社.

张守信,1986.运用现代地层学理论改革我国地质制图方法[J].中国区域地质(2):97-104.

赵姣龙,2016.浙闽沿海晚中生代I-A型复合花岗岩体成因及其构造意义[D].南京:南京大学.

赵温霞,2003.周口店地质及野外地质工作方法与高新技术应用[M].武汉:中国地质大学出版社.

浙江地质调查大队,1991.舟山幅区域地质调查报告[R].杭州:浙江地质调查大队.

郑浚茂,1982.陆源碎屑沉积环境的粒度标志(石油地质专业用)[M].武汉:武汉地质学院出版社.

郑浚茂,王德发,孙永传,1980.黄骅拗陷几种砂体的粒度分布特征及其水动力条件的初步分析[J].石油实验地质,2(2):9-20+61.

周静,2016. 浙西北早白垩世花岗质岩石成因与构造演化[D]. 杭州:浙江大学.

BRENNINKMEYER B M,1973. Synoptic surf zone sedimentation patterns[D]. California:University of Southern California,Los Angeles.

DAVIS R A J,1985. Coastal sedimentary environments[M]. 2nd ed. New York:Springer-Verlag New York Inc.

FOLK R L,WARD W C,1957. Brazos River bar:a study in the significance of grain size parameters[J]. Journal of Sedimentary Petrology,27(1):3-26.

JIANG Y H,WANG G C,LIU Z,et al.,2015. Repeated slab advance-retreat of the Palaeo-Pacific plate under north SE China[J]. International Geology Review,57(4):472-491.

MIDDLEMOST E A K,1994. Naming materials in the magma/igneous rock system[J]. Earth-Science Reviews,37(3-4):215-224.

SAHU B K,1964. Depositional mechanisms from the size analysis of clastic sediments[J]. Journal of Sedimentary Petrology,34(1):73-83.

VISHER G S,1969. Grain size distributions and depositional processes[J]. Journal of Sedimentary Petrology,39(3):1074-1106.